国家出版基金项目
NATIONAL PUBLICATION FOUNDATION

无人机系统特征技术系列

总主编 孙 聪

无人机感知与规避技术

Sense and Avoid Technology for UAV

胡劲文 吕 洋 徐 钊 赵春晖 潘 泉 雷毅飞 著

上海交通大学出版社
SHANGHAI JIAO TONG UNIVERSITY PRESS

内容提要

随着科技的发展进步,无人机在军用、民用等领域得到了广泛的应用和飞速的发展,其中感知与规避技术是保证无人机在空域中安全飞行的核心技术。本书是一本全面阐述无人机感知与规避技术的专著,具有较为完整的体系架构和具体的科学研究技术。

本书共 9 章,内容分为 3 个部分。第一部分从宏观角度介绍了无人机感知与规避技术,包括国内外研究的前沿动态、体系架构以及相关概念的定义和总体研究技术;第二部分从环境感知、路径规划、机动控制 3 个角度进行具体介绍;第三部分在第二部分的基础上进行了实验演示验证和性能的全面评估,进而介绍了无人机感知与规避技术的发展路线。

本书可作为从事无人机感知与规避控制学习和研究的本科生、研究生和其他科研人员的参考书。

图书在版编目(CIP)数据

无人机感知与规避技术/胡劲文等著. —上海:
上海交通大学出版社,2024.1
　(无人机系统特征技术系列)
　ISBN 978 - 7 - 313 - 21762 - 2

　Ⅰ.①无⋯　Ⅱ.①胡⋯　Ⅲ.①无人驾驶飞机-研究
Ⅳ.①V279

　中国版本图书馆 CIP 数据核字(2022)第 002518 号

无人机感知与规避技术
WURENJI GANZHI YU GUIBI JISHU

著　　者:胡劲文　吕　洋　徐　钊　赵春晖　潘　泉　雷毅飞
出版发行:上海交通大学出版社　　　　　地　　址:上海市番禺路 951 号
邮政编码:200030　　　　　　　　　　　电　　话:021 - 64071208
印　　制:上海文浩包装科技有限公司　　经　　销:全国新华书店
开　　本:710mm×1000mm　1/16　　　印　　张:16.5
字　　数:282 千字
版　　次:2024 年 1 月第 1 版　　　　　印　　次:2024 年 1 月第 1 次印刷
书　　号:ISBN 978 - 7 - 313 - 21762 - 2
定　　价:128.00 元

无人机系统特征技术系列编委会

总　序

　　无人机作为信息时代多学科、高技术驱动的创新性成果之一,已成为世界各国加强国防建设和加快信息化建设的重要标志。众多发达国家和新兴工业国家,均十分重视无人机的研究、发展和应用。《"十三五"国家战略性新兴产业发展规划》及我国航空工业发展规划中都明确提出要促进专业级无人机研制应用,推动无人机产业化。

　　无人机是我国具有自主知识产权的制造名片之一。我国自从 20 世纪 50 年代就开始自主开展无人机研究工作,迄今积累了厚实的技术和经验,为无人机产业的后续发展奠定了良好的基础。近年来,我国无人机产业规模更是呈现爆发式增长,我国无人机产品种类齐全、功能多样,具备了自主研发和设计低、中、高端无人机的能力,基本形成了配套齐全的研发、制造、销售和服务体系,部分技术已达到国际先进水平,成为我国科技和经济发展的新亮点,而且也必将成为我国航空工业发展的重要突破口。

　　虽然我国无人机产业快速崛起,部分技术赶超国际,部分产品出口海外,但我国整体上仍未进入无人机强国之列,在精准化、制空技术、协作协同、微型化、智能化等特征/关键技术方面尚需努力,为了迎接无人机大发展时代,迫切需要及时总结我国无人机领域的研究成果,迫切需要培养无人机研发高端人才。因此,助力我国成为无人机研发、生产和应用强国是"无人机系统特征技术系列"丛书策划的初衷。

　　"无人机系统特征技术系列"丛书的撰写目的是建立我国无人机技术的知识体系,助力无人机领域人才培养,推动无人机产业发展;丛书定位为科学研究和工程技术参考,不纳入科普和教材;丛书内容聚焦在表征无人机系统特征的、重要的、密切的相关技术;丛书覆盖无人机系统特征技术的基础研究、应用基础研究、应用研究、工程实现。丛书注重创新性、先进性、实用性、系统性、技术前瞻性;丛书突出智能化、信息化、体系化。

无人机系统特征技术的内涵如下:明显区别于有人机,体现出无人机高能化、智能化、体系化的特征技术;无人机特有的人机关系、机械特性、试飞验证等特征技术;既包括现有的特征技术的总结,也包括未来特征技术的演绎;包括与有人机比较的,无人机与有人机的共性、差异和拓宽的特征技术。

本丛书邀请中国工程院院士、舰载机歼-15型号总设计师孙聪院士担任总主编,由国内无人机学界和工业界的顶级专家担任编委及作者,既包括国家无人机重大型号的总设计师,如翼龙无人机总设计师李屹东、云影无人机总设计师何敏、反辐射无人机总设计师祝小平、中国飞行试验研究院无人机试飞总师赵永杰等,也包括高校从事无人机基础研究的资深专家,如飞行器控制一体化技术国防重点实验室名誉主任陈宗基、北京航空航天大学无人系统研究院院长王英勋、清华大学控制理论与技术研究所所长钟宜生、国防科技大学智能科学学院院长沈林成、西北工业大学自动化学院院长潘泉等。

本丛书的出版有以下几点意义:一是紧紧围绕具有我国自主研发特色的无人机成果展开,积极为我国无人机产业的发展提供方向性支持和技术性思考;二是整套图书全部采用原创的形式,记录了我国无人机系统特征技术的自主研究取得的丰硕成果,助力我国科研人员和青年学者以国际先进水平为起点,开展我国无人机系统特征技术的自主研究、开发和原始创新;三是汇集了有价值的研究资源,将从事无人机研发的技术专家、教授、学者等广博的学识见解和丰富的实践经验以及科研成果进一步理论化、科学化,形成具有我国特色的无人机系统理论与实践相结合的知识体系,有利于高层次无人机科技人才的培养,提升我国无人机研制能力;四是部分图书已经确定将版权输出至爱思唯尔、施普林格等国外知名出版集团,这将大大提高我国在无人机研发领域的国际话语权。

上海交通大学出版社以他们成熟的学术出版保障制度和同行评审制度,组织和调动了丛书编委会和丛书作者的积极性和创作热情,本系列丛书先后组织召开了4轮同行评议,针对丛书顶层设计、图书框架搭建以及内容撰写进行了广泛而充分的讨论,以保证丛书的品质。在大家的不懈努力下,本丛书终于完整地呈现在读者的面前。

我们衷心感谢参与本丛书编撰工作的所有编著者,以及所有直接或间接参与本丛书审校工作的专家、学者的辛勤工作。

真切地希望这套书的出版能促进无人机自主控制技术、自主导航技术、协同交互技术、管控技术、试验技术和应用技术的创新,积极促进无人机领域产学研用结合,加快无人机领域内法规和标准制定,切实解决目前无人机产业发展迫切需要解决的问题,真正助力我国无人机领域人才培养,推动我国无人机产业发展!

无人机系统特征技术系列编委会

2020 年 3 月

前　言

　　近年来,无人机技术与系统得到了飞速的发展和广泛的应用。无人机在军用、民用领域的研究基础和巨大的应用需求使得其市场持续扩大,大量的无人机进入空域飞行,使得空域的密集程度和空中交通工具的遭遇场景更加复杂。

　　以感知规避(sense and avoid,SAA)技术为核心的无人机空域集成技术是保证未来无人机-有人机空域共享安全,以及无人机空中交通系统集成的核心技术。无人机感知与规避技术是一种避免无人机与其他空中交通工具相撞的能力,通过该技术,无人机能够实现与被有人机看见并规避等价的飞行安全(equivalent level of safety,ELOS)。

　　感知与规避技术是未来无人机空域集成应用的重要安全保障,也是无人机自主化、智能化的核心标志之一。无人机系统的感知与规避面临的主要挑战可概括为如下几个方面。

　　感知信息不精确:在基于传感器信息进行目标检测和跟踪的过程中,传感器的属性对感知信息的精度、质量具有决定性作用。无论是地基传感器还是空基传感器,往往存在感知信息不精确,甚至缺失等问题。感知信息不精确会大大增加态势理解和威胁评估的不确定性,进而导致错误的规避决策和机动控制策略。

　　遭遇模型不确定:随着无人机应用领域的不断扩展,飞行操作空域不断扩大,无人机任务操作过程中与环境的交互将日趋复杂。无人机的遭遇模型将由单平台、单目标的简单遭遇模型发展为多平台,有/无人机混合飞行中运动、静止等多种动态模型目标并存的复杂遭遇模型。复杂的遭遇场景将大大增加无人机系统的态势感知与威胁评估难度,降低其自主决策能力。

　　机动规划多约束:无人机感知与规避的路径规划控制受限于平台动态模型、

飞行空间操作规则、碰撞威胁以及任务属性等多种约束条件。在进行最优路径规划与机动控制的过程中,要充分考虑多种约束条件,而这些条件往往具有非凸、非线性等特点,这无疑增加了优化机动规划过程的难度。

无人机感知规避与空域集成是政策、规则、标准(policy,rule,standard)和技术研究与发展(research and development)协调发展的过程。无人机感知与规避的技术研究主要包括空域环境感知与规避路径规划和机动控制两个方面。无人机的空域环境感知是通过对各种类型的传感器以及数据链路等的感知数据进行处理,实现对飞行空域环境的可靠量测,并基于量测信息对感兴趣目标的状态和威胁程度进行估计。无人机的规避路径规划和机动控制是针对可能存在的威胁,计算最优的规避路径和机动控制输出,从而降低与威胁目标的碰撞概率,达到避撞的目的。

随着无人机系统在军用、民用领域的应用范围、使用方式的不断扩大,其所带来的安全威胁也日益增加,给传统的空管安全保障系统带来新的挑战。而无人机感知与规避技术的研究和系统的研制将是推动无人机广泛应用,保障空域安全的重要手段。本书旨在介绍对无人机感知与规避技术开展的一系列研究,内容分为3个部分。

第一部分对技术需求,国内外发展现状,相关政策、法规和标准进行系统性的总结梳理,阐述了无人机感知与规避技术的相关定义和体系架构,主要涉及空中无人机和轻小型无人机;然后分析了总体的技术研究,对感知与规避技术做了全面的定义,对无人机感知与规避技术的研究进行了模块划分,具体分为3个子模块:环境感知、自动避障路径规划、机动控制。

第二部分具体研究了3个子模块,其中无人机环境感知技术模块主要研究基于视觉、证据推理、形态学的复杂背景下的目标感知、定位、预测与跟踪算法;无人机自动避障路径规划技术模块主要运用算法研究和系统建模分析,对无人机的自动避障进行分析和设计,对其碰撞区域和避障策略进行研究,对不同环境和不同状态下无人机的避障方法进行优化和改进,以便无人机可以在各种情况下合理、有效地避障;无人机机动控制模块用系统建模的方法,对四旋翼无人机的系统模型进行构建,根据相应的物理定律分析四旋翼无人机在飞行过程中所受各力的情况,对无人机飞行控制系统进行分析,采用姿态控制器设计和位置控制器设计,利用 Matlab/Simulink 工具箱对所设计的控制器进行仿真分析,对控制器的参数进行调试,使控制器更合理有效。对迎面、交叉等碰撞场景的障碍规避功能进行了验证。

第三部分进行了演示验证和性能评估,介绍了如何进行无人机感知与规避系统的性能评估,明确了指标体系的相关条件,通过建立指标模型,用 SAA 仿真系统对无人机的目标感知能力、空间环境信息获取能力、目标信息提取能力、障碍规避能力、威胁评估能力、威胁规避能力进行效能评估。无人机的技术潜力是巨大的,随着科技的不断进步和发展,无人机将变得更加安全可靠,在各行各业获得更广泛的应用。

本书是在作者团队多年科研成果的基础上进行修改、扩充、完善而来的,得到了作者所在信息融合教育部重点实验室的大力支持与帮助。作者团队承担国家重大科技专项、国家自然科学基金重点项目、"863"计划、国防基础预研、总装创新项目等几十项研究项目,在长期的科学研究中取得了多项科研成果,获国家科学进步一等奖、三等奖各 1 项,国防科技进步特等奖、一等奖各 1 项,陕西省科学技术二等奖 2 项,国防科技和技术发明二等奖、三等奖等多项。近年来的各大项目为本书的撰写积累了丰富的理论和实验基础。

感谢实验室的硕士、博士等对本书的编写所提供的宝贵意见与支持,他们对本书的内容进行了很大的补充与完善。另外尤其要感谢的是国防科技大学的张国忠教授与北京航空航天大学的王宏伦教授,他们对本书第 4 章无人机空间环境感知技术和第 5 章无人机自动避障路径规划技术的编写提供了极大的帮助。

由于作者水平有限,书中难免有错误及不妥之处,恳请广大读者批评指正。

目　　录

1 绪 论

1.1 无人机感知规避需求分析

近年来,无人机技术与系统得到了飞速的发展和广泛的应用。在军事方面,无人机作为高技术武器装备,在 ISR、精确打击等任务中发挥着愈加重要的作用。在未来的信息化作战中,无人机作为重要的信息节点,通过与卫星、有人机和地面情报系统组网,可以为指挥决策提供不间断的情报资源,甚至可以作为反导、反卫的武器平台,支持海、陆、空、天、电五维一体的未来高技术战争,推动未来作战理论、作战方式的更新和发展。近 10 年来,民用无人机技术得到了广泛的关注和飞速的发展应用,在遥感测绘、地质勘测、反恐、灾害救援、农业作业、娱乐等方面具有广泛的应用前景和发展空间。蒂尔集团(Teal Group)根据最新的市场情况预测:无人机近期仍将是航空工业中最具活力的部分。无人机在军用、民用领域的研究基础和巨大的应用需求使得无人机市场持续扩大。全球军用、民用无人机市场空间预测如图 1-1 和图 1-2 所示。

随着我国国力日益强盛,适应海、陆、空、天等任务的军用和民用无人机需求旺盛,使国内各种军用、民用无人机得到了快速发展。目前从事无人机相关技术研究的机构组织超过 300 家,在研、应用的无人机机型多达数百种,包括高空长航时无人机、中空长航时无人机、战术无人机、轻小型无人机和微型无人机。随着我国低空领域开放进程的不断推进,为低空、轻小型无人机的发展提供了更加广阔的视场和应用空间。我国无人机将在未来 10 年迎来井喷式的发展。

无人机在军事和民用领域的应用日益扩增,大量的无人机进入空域飞行,加之无人机的操作方式和任务特性日益复杂,大大提高了空域的密集程度和空中

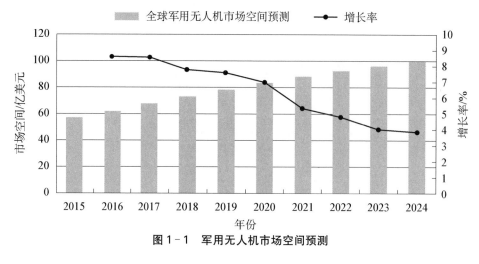

图 1-1　军用无人机市场空间预测

图 1-2　民用无人机市场空间预测

交通遭遇场景的复杂性。大量无人机分布、飞行于各个空层,执行军事、民用等多种任务,与有人机进行空域共享和集成,将对现有空域体制下的空中交通安全带来巨大挑战。大型无人机由于其功能属性要求,需要与有人机进行飞行空域、航路的共享,可能遭遇合作式与非合作式、有人机与无人机、编队与集群、单目标与多目标等复杂的空中遭遇场景。无人机在进行空间操作的过程中应保证具有与有人机等价的交互能力。小型无人机作为"低空、慢速、小目标"的低空飞行器,存在着监管困难、自身设备能力不健全等缺点;且低空环境复杂,存在包括飞行器、建筑等多种物体,随着飞行次数和范围的增加,必然会带来不明空情增加、危及重要目标的安全隐患增多、空中恐怖活动风险加大等问题。

以感知规避(sense and avoid,SAA)技术为核心的无人机空域集成技术是保证未来无人机-有人机空域共享安全,无人机空中交通系统集成的核心技术。根据美国联邦航空管理局(FAA)、美国国防部(DoD)和欧洲航空安全组织(EUROCONTROL)等机构的定义,无人机感知与规避技术是一种避免与其他空中交通工具相撞的能力。利用该技术,无人机能够实现与被有人机看见并规避等价的飞行安全(equivalent level of safety,ELOS)。无人机感知规避技术通过空间环境感知、威胁判定与评估、规避路径规划、机动控制等过程,实现对多种碰撞威胁的评估和规避,保证碰撞威胁被消除和飞行安全。SAA 系统对合作目标和非合作目标的感知与规避如图 1-3 所示。

避撞对象:静止障碍和运动障碍。
静止障碍:地形、高层建筑、高压线等。
运动障碍:合作目标(如无人机编队、协同),非合作目标(其他无人机、有人机)。

图 1-3　SAA 系统对合作目标和非合作目标的感知与规避示意图

相比于有人机的 SAA 功能,无人机系统的 SAA 功能具有更高的技术复杂度和系统集成度:①无人机的 SAA 系统需实现基于传感器数据的空间环境感知,以及通过对传感器数据进行处理或认知判断,实现对目标的跟踪、评估、识别等功能。②多种 SAA 操作方式,人在回路中(in the loop)、人在回路上(on the loop)、全自主(autonomous)等。③基于无人机属性的感知配置与机动控制边界,由于无人机的任务载荷限制,因此其在传感器配置和性能方面具有诸多限制;另外,由于无人机在飞行特性、操作方式等方面的不同,因此其在操作规避方式和机动特性方面有新的控制方式。

除此之外,无人机 SAA 与有人机 SAA 有着相似的功能特性和任务属性:①通过分离和规避机动功能消除碰撞风险;②在空中交通管理相关规则的统一框架下的环境感知与规避机动准则;③空域共享与集成,及统一的空域集成数据链路与管理网络。

无人机感知规避与空域集成是政策、规则、标准(policy,rule,standard)及技术研究与发展(research and development)协调发展的过程。

1.2　无人机感知规避技术的国内外发展现状

1.2.1　无人机感知规避相关政策、标准的发展

随着无人机类型、种类越来越多,应用越来越复杂,其开始进入军用、民用的多个领域。无人机的快速发展要求无人机能够通过类似有人机的机制与法律进入空域飞行。仅仅在美国,有超过 100 家组织,设计、制造了超过 300 种无人机。我国的无人机虽然起步较晚,但近年来发展迅速,对无人机的空域准入需求日益强烈。

然而,由于无人机没有机上飞行员,因此进入空域飞行将给现有的空中交通带来巨大的威胁。近年来,无人机飞行造成的安全事故频发,无人机空域集成面临技术、航空法规等多种挑战。多个国家和组织已着手建立无人机进入空域飞行的相关准入政策和标准。

1) 国际民用航空组织

国际民用航空组织(International Civil Aviation Organization,ICAO)致力于推动不同国家和地区的民航组织的合作与交流活动。2005 年,ICAO 在咨询其成员国对无人机系统(UAS)在空域飞行的需求后,开始着手于无人机系统的相关活动。在 2006 年的一次非正式会议中,成员国一致认为,ICAO 并不适合充当规则制定者,而是应当由欧洲民用航空设备组织(European Organization for Civil Aviation Equipment,EUROCAE)和航空无线电技术委员会(Radio Technical Commision for Aeronautics,RTCA)等组织执行相关规则。ICAO 应当充当协调者,保证成员国之间政策的协调性。

在 2007 年的另一次 ICAO 会议上,ICAO 成立了无人机研究组织(UAS Study Group,UASSG),管理和指导其成员国的无人机发展。该组织包括 15 个国家和 8 个国际组织,包括欧洲航空安全局(EASA)、EUROCAE、国际航空

器拥有者及飞行员协会(IAOPA)。在 2007 年 9 月的第 36 次 ICAO 委员会会议中,UASSG 的主要工作包括推进与无人机相关的航空事故的定义以及事故的调查工作等。2008 年的第一次无人机组织会议上,UASSG 的组织工作重心为推进无人机在国际无缝空域内的操作,长期目标为建立民用无人机的相关标准、操作参考、指导材料。UASSG 主要包括以下几个分组:

(1) 无人机适航性和操作小组。

(2) 指挥、控制、通信(C3)小组。

(3) 操作人员许可小组。

(4) 航空规则小组。

(5) 检测与规避小组。

2) 美国

作为应用无人机最早和最多的国家,美国无人机相关规则的制定经历了漫长的发展过程,大量的公共组织、高校研究机构和军方机构参与了无人机相关规则的制定和发展。其中主导单位为 FAA 和 DoD,其针对无人机发展的主要功能和职责如表 1-1 所示。

表 1-1 FAA/DoD 针对无人机发展的主要功能和职责

机 构	职 责
FAA	(1) 以飞行安全为最终标准 (2) 制定、发起 UAS-NAS 计划和 NextGen 计划 (3) 颁布和施行无人机规则与标准 (4) 颁发无人机准入证书
DoD	(1) 制定军用无人机集成路线 (2) 颁发军用无人机适航许可证 (3) 无人机技术

另外,大量的组织和研究机构以及公共机构参与了无人机相关的规则制定和技术研究。主要规则与技术研究及其制定与研究机构组织如表 1-2 所示。

表 1-2 主要规则与技术研究及其制定与研究机构组织

规则与技术研究	机 构 组 织
标准与规则制定: 无人机适航性标准、感知与规避标准、训练与执行准则等	RTCA、美国材料与试验协会(ASTM)、国际自动机工程师学会(SAE)

（续表）

规则与技术研究	机 构 组 织
技术研究： 无人机技术、 空域感知规避技术、 数据链路与通信技术等	MITRE公司、美国通用原子公司、诺思罗普·格鲁曼公司、霍尼韦尔公司、加利福尼亚大学伯克利分校、美国国家航空航天局（NASA）、美国堪萨斯大学、美国空军研究实验室、美国新墨西哥州立大学、卡内基梅隆大学、佐治亚理工学院、加州理工学院、杨百瀚大学等

2003 年 10 月，FAA 颁布了 N8700.25。在该法令颁布之前，无人机适航许可证（COA）的颁发仅限于军方无人机，通过 FAA 与 DoD 共同协商决定。基于该法令，FAA 开始向非军用领域开放 COA 证书，主要用于概念验证等。在该法令中，COA 的申请并不向民用无人机领域开放；无人机操作者需遵守先行权规则（right of way rules）和 SAA 要求；对操作无人机的最少人员配置做了说明，且必须配备观察员。法令规定在进行无人机 COA 申请时需要提交安全性评估材料，证明其空中（mid-air）碰撞概率极低；还规定了在国家安全领域操作无人机时，美国国土安全部（DHS）和 DoD 具有政策豁免权。2006 年，FAA 成立了无人机程序办公室，用于颁发 COA 和制订无人机空域集成发展路线图。在 2007 年 2 月颁布的一份 FAA 法令中，FAA 定义了公用无人机、民用无人机和飞机模型的飞行授权情况，如表 1-3 所示。

表 1-3   美国无人机飞行授权情况

机 型	授 权 情 况
公用无人机	(1) 参考 FAA UAS 政策 05-01 中描述的无人机飞行授权标准 (2) 明确了无人机的授权方式为颁发授权证书
民用无人机	(1) 声明只针对试验系统进行特殊空域许可证的颁发 (2) 严正声明无人机试验系统不能用于商业活动
飞机模型	(1) 参考 AC91-57 进一步指导 (2) 严正声明飞机模型不能用于商业活动

2010 年，DoD 基于 3 次无人机感知与规避研讨会，发布了无人机感知与规避技术路线图。路线图明确了无人机感知与规避路线计划的组建过程，确定了感知与规避技术的整合目标等。DoD 发布的 2013—2038 年无人系统集成路线图说明，无人机感知与规避系统需具有检测、跟踪、评估、优先级判断、声明、决策、命令、执行等功能。

2012 年,在美国政府颁布的一项 FAA 法案中,提出了一系列相关节点。

(1) 计划于 2015 年实现无人机系统在国家空域的一体化集成。

(2) FAA 发展计划将加速无人机系统在国家空域的集成进程,主要包括如下工作:

a. 2012 年前建立 6 个无人机空域操作试点。

b. 发展无人机认证、飞行标准和空中交通要求等。

c. 资助无人机认证测试、标准制定、空中交通管制等项目。

d. 协调 NASA 和 DoD 的研究计划。

e. 在集成计划前核实无人机系统的安全性。

(3) 美国政府在无人机领域需体现如下功能:

a. 允许 FAA 开展无人机系统发展研究。

b. 指导 FAA 和国家科学院对无人机性能进行评估,并递交评估报告。

c. 要求 FAA 对其最近版本的无人机政策进行修订更新。

d. 指导 FAA 在北极地区建立 24 h 无人机固定飞行区域。

e. FAA 参与实验项目,加速无人机的空域集成。

2013 年,美国发布了民用无人机空域集成路线图,做出了如下发展计划。

(1) 地基感知与规避(GBSAA)系统。

a. 起草并发布地基 SAA 标准(截至 2015 年)。

b. GBSAA 运营通过 FAA 及其他民用和公共团体的批准。

(2) 机载感知与规避(ABSAA)系统。

a. 2016—2020 年,初步证明能够搭载机载 SAA 的无人机系统不需要视觉观察者。

b. 安装并验证 ABSAA 功能需求,准入 A、E、G 空域,达到 DoD 和其他公共组织的工业标准,证明不需要 COA 和视觉观察者。

c. 安装并验证 ABSAA 功能需求,准入全空域,达到 DoD 和其他公共组织的工业标准,证明不需要 COA 和视觉观察者。

d. 安装并验证 ABSAA 功能需求,实现所有空域的有人机-无人机一体化空域操作,达到 DoD 和其他公共组织以及民用组织的工业标准。

3) 欧洲

在欧洲,无人机的应用和规则制定由于空域归属不同的所有国而稍显复杂。欧洲的主要无人机研究机构及其功能如表 1-4 所示。

表1-4   欧洲无人机感知与规避研究机构及其功能

机 构	功 能
EASA	(1) 协调欧洲各国的无人机航空规则 (2) 制定欧洲委员会无人机航空规则 (3) 无人机鉴定政策
EUROCONTROL	(1) 开发、升级空中交通管理(ATM)系统,实现 UAS 的空域集成 (2) 完善欧洲空中交通管理研究计划(SESAR) (3) 满足空域使用者的合法需求
EUROCAE	开发与无人机相关的标准、规范,主要研究对象如下: (1) 无人机系统操作与感知规避技术 (2) 适航性分析 (3) C3,通信安全 (4) 小型无人机系统

(1) EASA。

2002 年 6 月,欧盟(EU)15 国在布鲁塞尔的会议上决定成立"欧洲航空安全局(EASA)",目标是最大限度地保护公民的安全,促进欧盟航空业的发展。EASA 机构的主要职责是起草民用航空安全法规,它还将给欧盟提供技术专家,并对有关国际协议的结论提供技术上的帮助。除此之外,该机构执行与航空安全相关的运行颁证工作,例如航空产品以及有关设计、制造和维护的组织认证。这些认证活动有助于确保适航性和环保标准在成员国内达到同等水平。

2006 年,EASA 发布了一个修正案,名为"无人机系统认证政策",认证的范围只限于起飞重量大于 150 kg 的无人机,并计划完善无人机政策,覆盖适航性、环境保护、应用、执照颁发、空中交通管制、机场等方面。另外,EASA 还与 EUROCAE 接触,希望其发展无人机感知与规避技术。

2009 年,EASA 基于修正案和相关反馈意见颁布了无人机认证的政策声明,该声明范围不包含 150 kg 以下的军方和民用无人机以及试验型号等。另外,该声明只包括类型认证,并不包含无人机的应用说明。

面向未来,EASA 计划制定其他类型与无人机相关的规则、政策,包括合规性的可接受手段。

(2) EUROCONTROL。

欧洲航空安全组织(EUROCONTROL)致力于发展面向全欧洲空域的空中交通感知系统,正在与 EUROCAE 和 EASA 一起开发面向无人机进入空域飞行的空中交通管制的要求。2007年,EUROCONTROL发布了军用无人机空中交通操作手册,为"全球鹰"无人机在欧洲的应用提供说明;下一步是为类似的通用空中交通发展标准提供说明。

EUROCONTROL的目的是实现整个空域的无缝应用。2008年,为验证无人机系统对空中交通管制(ATC)的影响,EUROCONTROL研发了一项无人机ATC实时仿真系统,为与无人机相关的空中交通管制提供了大量帮助。

为了更好地协调无人机的相关活动,2008年推出了EUROCONTROL无人机空中交通管制集成计划,开发无人机技术、应用、安全、人机因素、通信等技术和规则。该计划包含短期计划和长期计划两部分。长期计划为将无人机系统集成到全欧空管研究计划中。全欧空管研究计划包括与无人机相关的很多关键技术,如感知与规避、四维航路管理、先进通信方法等。

(3) EUROCAE。

EUROCAE是由欧洲及其他地区的航空利益攸关方组成的非营利组织,包括制造商(飞机、机载设备、空管系统和地面设备),服务供应商,国家和国际航空当局及用户(航空公司、机场和运营人)。EUROCAE已经发布了许多针对航空界的性能指标和文件,大部分作为欧洲TSO和其他规章文件的符合性方法。

2006年WG-73成立,为EASA提供与无人机系统相关的专业意见。目前EUROCAE正基于EASA和EUROCONTROL的报道,主导发展与UAS相关的标准和应用指南,并形成了4个分组:

a. 无人机系统操作与感知规避技术。

b. 适航性分析。

c. 通信安全。

d. 小型无人机系统。

在整个欧洲的无人机应用发展中,超过45个国家、15个国际组织、50个高校和研究机构参与了SAA、C3、UAS技术的研究与开发。

4) 澳大利亚

澳大利亚的无人机管控主要由澳大利亚民航安全局(CASA)管辖。该组织在2002年于全球首次发布了民用无人机标准。在发布的CASR PART 101中,CASA严格禁止各种可能威胁其他飞行器、人身、财产安全的无人机操作和应用,其中典型的飞行约束涉及人口密集区或高度大于400 ft①的空域。大型无人

---

① ft为英制长度单位英尺,1 ft≈0.305 m。

机必须在飞行操作发生前获得飞行许可。在 AC - 101 中提供了获得该许可的相关要求。验证类无人机的飞行需要另外的维护程序和适航许可。

1.2.2　无人机感知规避技术发展

随着无人机日益广泛的应用,越来越多的国家开始投入技术力量进行无人机感知与规避技术的研究,包括关键体系建设、技术研究、系统构建等。无人机感知规避技术研究现状如表 1 - 5 所示。

表 1 - 5　无人机感知规避技术研究现状

国家或组织	研 究 现 状
美国	开展 UAS - NAS 和 NextGen 计划,支持 SAA 技术的发展研究,并将 GBSAA 和 ABSAA 分别作为近期和长期技术解决方案 GBSAA: (1) 2013 年,完成 GBSAA 的技术开发和演示验证 (2) 2014 年,GBSAA 开始在美空军基地进行列装应用 ABSAA: (1) 2006 年,完成对 TCAS Ⅱ 在 MQ - 4 和 MQ - 9 系统的仿真分析和原理验证 (2) 2013 年,实现基于 ADS - B 的感知规避系统设计与试飞测试 (3) 2017 年,实现在两架 RQ - 4 上实现基于雷达的感知规避系统的安装与应用 (4) 2007 年,实现基于视觉的 SAA 系统开发,用于实时检测、跟踪入侵飞机的算法验证以及碰撞场景数据收集 (5) 2013 年,实现多源信息融合的无人机感知与规避算法设计、数据处理、系统功能演示 (6) 2015 年,美国空军实验室成功完成多目标规避(MIAA)系统的演示验证,该系统是机载 SAA 系统的一部分
欧盟	2009 年,欧洲开始执行无人机空中避撞系统(MIDCAS)研究计划: (1) 已完成无人机在民用空域的飞行仿真试验验证 (2) 2014 年,"巡逻者"无人机完成无人机防撞系统测试,在欧洲尚属首次 (3) 2015 年,在欧洲 MIDCAS 研究计划支持下,首次成功测试、完成其非合作感知与规避系统
澳大利亚	开展无人机空中防撞技术研究 (1) ARCAA 在 2013 年完成无人机视觉检测系统测试 (2) 开展基于视觉的感知与规避系统演示验证,2015 年末完成
加拿大	开展 NRC 的民用无人机系统项目,支持无人机的空域集成技术 (1) 智能无人系统国际组织(ISIUS)成立专门 SAA 技术委员 (2) 开展无人机感知与规避的数据获取与算法测试

目前针对 SAA 的技术研究主要分为近期的 GBSAA 和长期的 ABSAA,并根据无人机的任务属性、载荷属性进行不同的传感器配置和算法研究开发,无人机感知规避技术路线如图 1-4 所示。其发展思路:首先以地基感知规避系统作为近期发展目标和系统,依靠已有的有人机的空中交通监管系统进行无人机感知与规避技术的扩展应用,实现局部、重点、高危区域的空域安全保障;针对长远目标,发展更加智能、自主的机载感知与规避技术;针对合作式目标、非合作式目标发展多种感知手段、规避方案,实现由特定空域、特定类型的感知规避到全空域、全类型无人机的感知与规避。

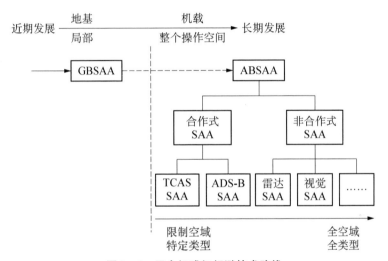

图 1-4 无人机感知规避技术路线

1) GBSAA

美国足够广泛的空中交通管制(ATC)雷达覆盖率保证了 GBSAA 是其最先可实现的感知与规避技术。相比复杂的 ABSAA 技术,GBSAA 技术与系统的发展具有相当坚实的技术和设备基础,具有技术成熟度高、再次开发成本低的特点,适用于大、中型平台的感知与规避技术(见图 1-5)。

美国空军于 2013 年完成了 GBSAA 的系统研发和演示验证,并在北卡罗来纳州的海军基地航空站进行了部署。该系统利用雷达进行无人机、有人机跟踪,通过航迹外推、威胁估计算法实现碰撞的预警,并对有人机、无人机系统进行碰撞预警报告。2014 年,美军开始进行 GBSAA 的部署和列装应用,并计划于之后正式启用该系统保障 MQ-1C 的作战任务。

图 1-5　GBSAA 系统结构原理图

地基感知与规避系统能够对雷达覆盖区域内的飞行目标有效检测、跟踪,但是受限于雷达部署区域的限制,并不能实现全部空域的实时监测和有效检测、跟踪;同时,考虑雷达的应用场景和作用范围,系统并不能完成对小型、低空无人机等慢速、低空、小目标的有效感知。特别是考虑我国空管雷达覆盖率有限,GBSAA 的应用具有局限性。

2) ABSAA

随着传感器技术、高性能计算技术、新材料、纳米技术的快速发展,机载感知技术、实时数据处理技术逐渐成熟,这些为研究无人机机载感知与规避技术提供了契机。相比地基感知与规避技术,机载感知与规避技术不依靠地面控制站点,其空域感知范围随飞行平台的机动而变化。同时,机载感知与规避技术也符合未来无人机智能化、自主化的发展趋势。

(1) TCAS SAA。

空中防撞系统(TCAS)作为当前空管体系下最重要的防撞安全保障技术,其发展与应用经历了有人机的长期飞行检验,技术成熟,并被 ICAO 要求在全球所有大型客机上安装,保证有人机的飞行安全。

2006 年,麻省理工学院(MIT)的 MIT 林肯实验室联合 MITRE 公司,基于美国空军和 FAA 对 RQ-4 的感知规避能力需求,完成了机载 TCAS Ⅱ 的无人机感知与规避测试,对遭遇模型、碰撞风险、飞行特性、故障诊断进行了仿真分析和原理验证。"全球鹰"的 TCAS Ⅱ 系统原理如图 1-6 所示。

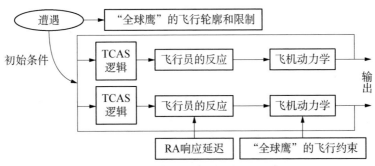

图 1-6　"全球鹰"的 TCAS Ⅱ 系统原理图

　　TCAS 系统能够有效地在大型无人机,如美国的 MQ-4、MQ-9 无人机,法国的"神经元"无人机上进行安装应用,但现有的 TCAS 技术过于庞大、复杂,不适用于未来的小型化、高密集度的低空无人机应用场合,合作式的空中监视、感知与规避亟需新的通信、感知方式和手段。

　　(2) ADS-B SAA。

　　广播式自动相关监视(ADS-B)技术被认为是未来无人机空中管制和感知规避的重要技术。ICAO 将 ADS-B 列为未来监视技术发展的主要方向,国际航空界正在积极推进该项技术的应用,一些国家和地区已投入使用(美国、澳大利亚、欧洲)。美国在 NextGen 计划中将 ADS-B 技术定义为将雷达空管(ground based system)转化为依靠更加精确的卫星空管(satellite system)的重要技术,并计划在 2020 年以前为所有在 NAS 空域的飞行器加装该系统。与雷达系统相比,ADS-B 能够提供更加实时和准确的航空器位置、状态等监视信息,建设投资只有前者的 1/10 左右,并且维护费用低,使用寿命长。使用 ADS-B 可以增加无雷达区域的空域容量,减少有雷达区域对雷达多重覆盖的需求,大大降低空中交通管理的成本。

　　自 2012 年以来,包括 NASA、美国空军、MITRE 等多个研究机构和组织着手进行了 ADS-B SAA 的研究。2014 年,FAA、NASA、通用原子航空系统、霍尼韦尔公司成功地实现了一种以 ADS-B 为主的 SAA 系统——ACAS Xu。在 2014 年 11 月和 12 月,上述单位实现了包括有人机、无人机的多种障碍规避和自我分离功能,成功进行了测试。该测试的目的是评估包括传统的 TCAS 传感器和 ADS-B 信息在感知规避应用中的作用和概念验证。ACAS Xu 是美国第一个严格为无人机设计的感知与规避系统。2013 年,R3 公司在亚利桑那州成功地测试了一种基于 ADS-B 的全自主感知与规避系统。两架"虎鲨"无人机加载 AWSAS 系统(all weather sense and avoid system),在 5 天的测试中成功地实现了自主感知与规避机动输出。一系列测试展示了该系统在飞行器平台、软件方面的应用能力。NASA ADS‐B SAA 系统测试如图 1‐7 所示。

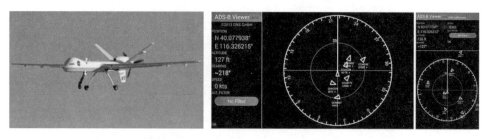

图 1‐7　NASA ADS‐B SAA 系统测试

(3) 雷达 SAA。

雷达作为大中型无人机的重要传感器,能为无人机提供对地观测、非合作式对空感知等重要信息,是非合作式无人机感知与规避的重要研究方向。其优点是能够提供非合作式感知方式,具有较高精度的测距和测角分辨能力,并且能够实现全天候的空间感知。

2014 年,MIT 设计、发布了一种基于 Step-Notch 技术的 Ku 波段感知与规避雷达(见图 1‐8),通过组合 3 个天线阵列实现了 $220° \times 30°$ 的空间感知能力。该雷达的设计方法保证了其具有质量轻、功耗低、精度高的特点,特别适用于无人机感知与规避任务应用。2015 年 6 月,美国海军与诺斯罗普·格鲁曼公司签订了一份 3 910 万美元的合同,对广域海上侦察无人机 MQ‐4 的对空雷达系统进行升级。在该计划的支持下,格鲁曼重启了对 RQ‐4 的感知与规避雷达研究计划,并计划在 2017 年在两架 RQ‐4 上实现安装应用。

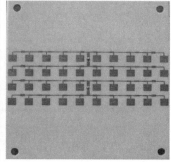

图 1‐8　Ku 波段感知与规避雷达

(4) 视觉 SAA。

视觉传感器是无人机系统中的主要传感器,能够实现高分辨对地观测图像的获取。由于其具有体积小、质量轻、价格低且感知信息丰富等特点,因此特别适用于中小型无人机的感知与规避应用。其被动感知的特点使其在隐身性要求较高的军事应用中具有不可替代的作用。

2014 年 10 月,DRA 公司研制了基于现有传感器的感知与规避系统——EO/SAA(见图 1-9)。该系统使用被动的光电传感器,实施处理技术来探测周边的合作/非合作式飞机。研究人员综合光电探测、威胁评估、路径规划的算法和系统,在现有的平台条件下进行极少的改动或不改动,实现可信赖的军用飞行器感知与规避系统。该系统能够对 600 万像素、20 fps[①] 的图像数据进行处理,跟踪并告知可能存在的障碍。在 2007 年初,DRA 专家开始将最初用于大中型无人机的 EO/SAA 系统的尺寸缩小,将功耗降低,达到 106 in^{3}[②]、7.5 lb[③]、功耗 76 W,以满足小型无人机的使用需求。DRA 已经在质量为 350 lb 的 RQ-7 无人机上通过吊舱的形式进行了验证。

图 1-9 DRA 研制的视觉感知与规避系统

2014 年 10 月,法国萨基姆公司(Sagemcom)在图卢兹完成了历时 11 天的无人机飞行测试。测试中在"巡逻者"无人机上集成了一套感知与规避系统,在多个预设场景中进行了约 20 项测试,论证了该系统在无人操作情况下的障碍规避能力。澳大利亚昆士兰科技大学成功地实现了视觉感知与规避系统中的视觉实时目标检测、跟踪算法设计,并设计了多种碰撞场景进行算法设计与数据获

① fps 为每秒传输帧数。
② in 为英制长度单位英寸,1 in≈2.54 cm。
③ lb 为英制质量单位磅,1 lb≈0.454 kg。

取。该系统能够对目标在多种气象条件下实现鲁棒的障碍检测和跟踪,并就目标在视场中的运动特征进行威胁评估和规避机动设计。

考虑到单一传感器在无人机感知与规避应用中的诸多限制与不足,融合多种信源、多种有效感知手段,实现多模式、多源信息融合的感知与规避系统是未来的发展趋势,各国未来无人机感知与规避的发展方向如下:

a. 导航信息共享的感知与规避关键技术。感知与规避技术和导航、通信技术是无人机空域集成的两个至关重要的方面。要实现空中目标的有效感知,不仅需要有效的空中目标感知能力,而且需要稳定可靠的、来自空中管理系统的机载导航信息,如 GPS/INS 的自身定位信息。通过两者的结合,能够实现更高精度、稳定的空间感知与障碍规避。

b. 多通道感知与规避技术。单一通道的传感器往往在真实场景应用中存在诸多限制,不能实现稳定可靠的空中目标获取。综合地基、机载、合作式、非合作式多种异类感知通道信息,融合主动、被动、多种信息模式的传感器信息,才能实现有效的空中环境感知,保障无人机的飞行安全。

c. 高效的人机交互协同技术。在无人机感知与规避技术中,人是不可或缺的顶层决策力量。一方面,无人机感知与规避技术的发展遵循无人机自主、全自动的发展趋势;另一方面,无人机系统技术的发展需保证其任务可控性以及控制的高效、准确性。因此,无人机感知与规避技术的发展应是一种人在回路上(on the loop)的自主规避决策行为。

本书针对无人机在开放的民用空域安全飞行面临的诸多挑战,介绍了无人机飞行空间环境和障碍物实时感知、自主避障路径规划及应急机动控制、多源信息融合无人机 SAA 系统建模与仿真、无人机 SAA 系统性能评估等方面的研究,以及以小尺寸、低成本、低功耗 EO/IR 传感器研制轻量级小型 SAA 系统,进行多类型遭遇条件和复杂背景下的飞行试验等方面的内容。对无人机 SAA 技术的研究将推动我国无人机技术的发展,促进无人机感知和规避系统的设计和性能标准规范的制定,为无人机民用空域的准入提供依据,促进我国无人机事业的健康发展。

1.3 小结

本章首先对无人机感知与规避需求进行分析,指出了未来几年执行海、陆、空、天等任务的军用和民用无人机对感知与规避技术的旺盛需求以及其在无人机空中交通系统中的重要作用。随后详细介绍了国际民用航空组织、美国、欧洲、澳大利亚无人机感知与规避的相关政策以及目前的发展状况,指出目前针对SAA 的技术研究主要分为近期的 GBSAA 和长期的 ABSAA。随后列举出一些常用的无人机感知与规避系统,包括 TCAS SAA 系统、ADS‐B SAA 系统、雷达 SAA 系统、视觉 SAA 系统,同时也指出各国未来的无人机感知与规避技术的发展方向,包括导航信息共享的感知与规避关键技术、多通道感知与规避技术、高效的人机交互协同技术等。

参|考|文|献 ·······························

[1] 何守印. 基于多传感器融合的无人机自主避障研究[D]. 北京:北京理工大学,2016.

[2] 林志达. 无人机感知与规避系统中决策机制的研究[D]. 哈尔滨:哈尔滨工业大学,2017.

[3] 李竺袁. 民用无人机自主飞行避让算法研究[D]. 广汉:中国民用航空飞行学院,2018.

[4] 佚名. 尖兵之翼:第九届中国无人机大会暨展览会[J]. 航空工程进展,2018,9(2):158.

[5] 陈炜,郝莲,哈红艳. 浅析欧洲航空安全局设计组织批准制度[J]. 科技创新导报,2017,14(26):8‐10.

[6] 陈康. 美国 EASA 展会考察[J]. 电机技术,2007,(4):57‐58.

[7] 凌黎华. 无人机跟踪/规避空中目标实时运动导引方法研究[D]. 长沙:国防科学技术大学,2015.

[8] 何彬兵,汪在华. 基于 ADS‐B 的雷达数据采集评估系统设计[J]. 雷达科学与技术,2017,15(4):427‐432.

[9] 朱海锋. 基于立体视觉的无人机感知与规避研究[D]. 西安:西北工业大学,2016.

[10] 韩静雅,王宏伦,刘畅,等. 基于视觉的无人机感知与规避系统设计[J]. 战术导弹技术,2014(5):11‐19.

2 无人机感知与规避的体系构架

2.1 无人机感知与规避技术体系

2.1.1 无人机感知与规避定义

针对无人机感知与规避,多个国际组织给出了类似的功能定义。

(1) 美国国防部在《美国陆军无人机系统路线图 2010—2035》中对 SAA 定义如下:SAA 是无人机避免与其他空中交通工具相撞的能力。感知与规避通过自我分离与碰撞规避功能满足空域飞行的"看见并规避(see and avoid)"标准。

(2) FAA 在美国《民用无人机空域集成路线图》中定义:感知与规避需提供与其他飞行器的自我分离和规避碰撞能力,从而实现与有人机"see and avoid"类似的安全功能。

(3) 在 *Sense and Avoid in UAS*:*Research and Applications* 一书中,无人机感知与规避定义如下:感知与规避是无人机系统中代替飞行员实现检测和规避某些威胁,从而实现安全飞行的功能。其中威胁包括其他空中交通以及其他可能造成碰撞威胁的物体。空中交通包括飞行器、浮空气球或其他无人机系统。其他威胁物体可能包括地形或静止物体(如建筑、高塔、线缆等)。

综上所述,无人机感知与规避技术的主要功能由飞行空间的远距离空间分离功能与近距离障碍规避功能组成。通过两者的结合,达到与有人机类似的安全保障能力。无人机感知与规避功能如图 2-1 所示。

(1) 检测:是实现空间环境感知的第一步,对空间环境进行障碍检测,获取空中可能存在碰撞威胁的目标,如飞行器、浮空器等。

(2) 跟踪:通过感知信息应用目标跟踪算法,实现对目标运动状态的估计和

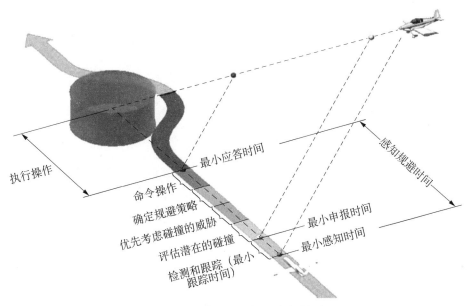

图 2-1　无人机感知与规避功能图解

轨迹预测。

（3）评估：根据目标的跟踪信息和安全飞行标准进行目标威胁程度评估，判断所跟踪目标是否存在碰撞威胁。

（4）威胁等级判断：针对多个存在碰撞威胁的目标，进行基于威胁程度的排序。

（5）声明：根据本机路径和目标运动状态信息，给出分离时间、分离点、规避时间、规避点。

（6）决策：根据遭遇场景的几何关系、碰撞时间、碰撞点给出规避路径。该路径应受本机的飞行器属性、飞行规则等的约束。

（7）机动：跟随决策路径，执行规避机动。

2.1.2　无人机感知与规避的相关政策、标准的发展

无人机进入空域进行任务操作时，碰撞冲突可能在不同的相对距离通过不同的方式被检测到。根据碰撞威胁检测到的距离不同，其感知与规避功能通过航路分离（separation）和碰撞规避（collision avoid）实现。无人机的规避功能层次分解如图 2-2 所示。

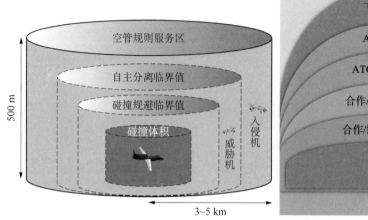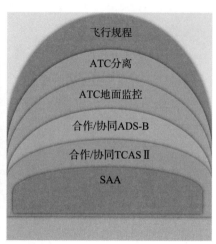

图 2-2　无人机的规避功能层次分解

1）航路分离

在处于航路分离（separation）阶段时，无人机通过 ATC 分离服务和自我分离实现感知与规避功能。ATC 分离服务包括如下几方面。

（1）飞行规程：在该阶段，通过执行相关的航空安全规定和颁发航空准入许可证等措施实现无人机的装备配置和操作空间限制，达到分离目的。FAA 空域层次划分标准如图 2-3 所示，无人机不同空间载荷要求如表 2-1 所示。

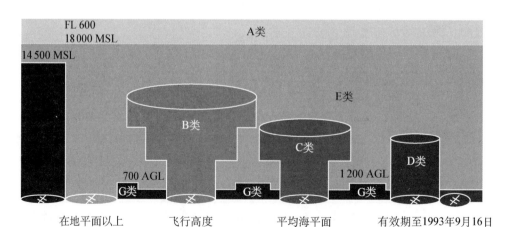

图 2-3　FAA 空域层次划分标准

表 2-1 无人机不同空间载荷要求

空域类型	准入要求	设备需求	最低试点认证
A	ATC许可	安装IFR	仪器等级
B	ATC许可	双向无线电垂向应答器报告能力	除学习或娱乐飞行外,申请私人驾驶证且符合规定,可在机场以外的地方飞行
C	双向无线电通信进入优先权	双向无线电垂向应答器报告能力	没有特殊要求
D	双向无线电通信进入优先权	双向无线电	没有特殊要求
E	没有VFR	没有特殊要求	没有特殊要求
G	没有	没有特殊要求	没有特殊要求

(2) ATC分离与监控:在该阶段,通过空中交通管制(ATC)功能提供的空中交通管制服务、飞行情报服务和告警服务保证无人机的分离功能。在该功能中,感知与规避的实现主要依靠地基感知与规避(GBSAA)系统,即地基空管雷达。地基感知与规避系统如图 2-4 所示。

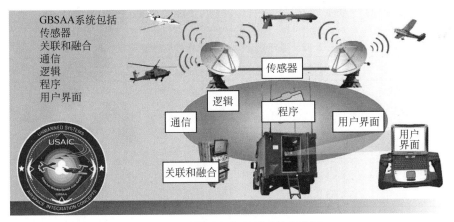

图 2-4 地基感知与规避系统示意图

在自我分离阶段,无人机通过机载或地面通信链路,在不依靠外界信息的情况下,实现超视距(beyond visual line of sight,BVLOS)的碰撞检测,在该阶段,其依靠的主要感知方式包括 TCAS 和 ADS-B 等合作式感知与规避设备以及远距离的感知设备,如雷达等。

（3）空中防撞系统（TCAS）的运作：通过飞机上的应答机确定飞机航向和高度，使飞机之间可以显示相互之间的距离和高度差。

（4）广播式自动相关监视（ADS-B）系统：通过数据链广播其自身的精确位置和其他数据（如速度、高度及飞机是否转弯、爬升或下降等），并接收其他飞行器和地面空中交通系统的数据信息，实现精确、实时的冲突检测。

在航路分离阶段，由于无人机与碰撞飞行器的相对距离较远，通过早期的、轻微的机动即可完成障碍物的规避。而在碰撞规避阶段，冲突检测通常由本机的机载非合作式传感器实现碰撞的检测、告警，规避预留时间（time to collision，TTC）相对较短，无人机通过相对剧烈、非常规的碰撞规避机动保证无人机的飞行安全。在此阶段，主要的感知方式为视距内感知，如利用机载相机、地面观察者等。

2）碰撞规避(collision avoid)

碰撞规避功能由本机自主障碍检测功能实现，可检测目标，生成碰撞威胁。碰撞威胁的规避无法通过常规飞行机动实现（碰撞时间小于30 s或碰撞距离小于5 km），通过特殊的应急机动，包括大迎角机动、螺旋线机动等极端机动操作，实现对目标的威胁规避。

（1）威胁检测：碰撞威胁的检测通过机载传感器（包括主动雷达、激光雷达及非合作式传感器如光电、红外设备等），加载相应的感知算法（如目标检测、跟踪，威胁估计等）。基于规避功能的目标检测性能要求如表2-2所示。

表2-2　基于规避功能的目标检测性能要求

性　　能	要　　求
作用距离	>10 km 或 TTC>30 s
覆盖视场	>±110°（水平）；±30°
延迟	<2 s
数据误差	检测误差<5% 虚警概率<5% 漏检概率<1%

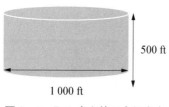

500 ft

1 000 ft

图2-5　FAA定义的无人机空中安全包络空间

（2）碰撞规避：碰撞规避是在上述感知能力的支持下，通过规避机动实现对目标的规避。规避机动通常以安全性、经济性和本机机动约束为性能指标。FAA将无人机空中安全包络空间定义为以飞行器为中心的圆柱空间，如图2-5所示。

2.2　无人机空域集成和感知与规避系统构架

实现无人机全空域、高密度、高可靠性的空域集成,需要政策、技术等方面相互协调,多个组织通力协作。无人机的空域集成任务是一项以感知与规避技术研究为中心的,涉及系统构架、算法开发、建模仿真实验以及效能评估等的综合性技术。无人机空域集成的主要任务如图 2-6 所示。

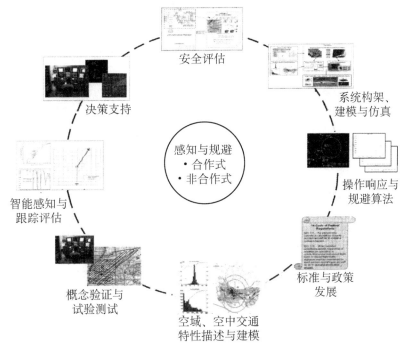

图 2-6　无人机空域集成的主要任务

面向空域集成的无人机感知与规避的核心技术是在准确的空域、空中交通特性描述与建模的基础上,发展高性能、高可靠性的智能感知传感器技术,目标检测、跟踪算法,以及高效、安全的路径规划算法;在此基础上进行无人机感知与规避系统的构架、建模与仿真,对算法进行有效的测试与验证,并通过概念验证与试验测试,对系统、算法、决策功能等进行安全性能评估;最终在大量的算法和试验测试的基础上制定无人机空域集成及感知与规避的政策和标准,指导无人机的安全飞行和 SAA 系统的设计、制造等。

按照功能描述,无人机的空域集成技术主要包括高空无人机的空域集成技术和低空无人机的空域集成技术。由于两者在任务、平台、操作空间等方面的不同，SAA 系统构架在感知手段、信息支持、操作特性等方面也存在较大差异，无人机感知与规避系统构架如图 2-7 所示。

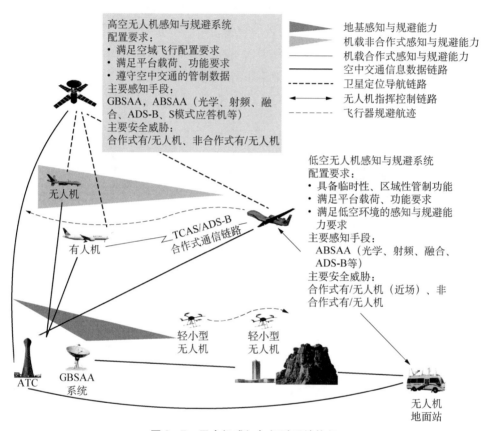

图 2-7   无人机感知与规避系统构架

2.2.1   空中无人机感知与规避系统构架

在 1 000 m 以上的高空长航时无人机多见于军事侦察、高空气象观测、航测和航摄等应用，典型应用为"全球鹰"无人机。其空域飞行具有下列特点：

（1）与有人机任务空间部分重合，任务空间共享。

（2）无人机、有人机、合作式、非合作式在空中复杂交互。

（3）飞行、操作特性与有人机类似，需遵循空中交通的相关规则。

（4）高空、高速、长距离、低密度。

（5）任务时效性强、空间分辨率高。

（6）事故代价巨大。

上述任务特性决定了高空飞行无人机的感知与规避系统的功能需求应具有如下特点：

（1）具备合作式、非合作式多通道、高冗余度、高可靠性空域感知功能。

（2）感知范围满足基于分离功能的威胁规避需求。

（3）全局优化的规避航路在线生成功能。

（4）具备空中交通信息支持功能和空中交通管制执行功能。

（5）分层级感知—规避—导航—控制方案。

（6）具备人机交互、人在回路决策功能。

高空任务无人机的感知与规避是在现有的空域规则和空管体制下，针对无人机空域操作特性和空间交通模型，实现系统顶层框架设计、高空远距离目标精确感知、全局路径优化设计、空间测试、系统测试与评估等功能，实现标准化无人机 SAA 系统设计。高空无人机 SAA 功能原理如图 2-8 所示。

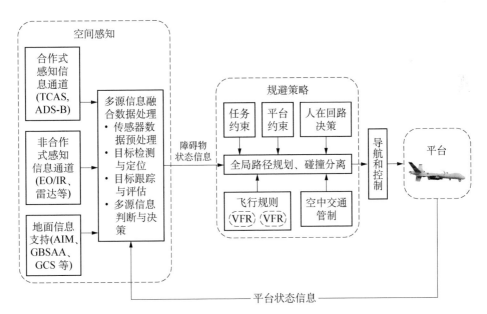

图 2-8　高空无人机 SAA 功能原理图

2.2.2　轻小型无人机感知与规避系统构架

轻小型无人机(SUAV)是指任务空间在 1 000 m 以下的军用、民用无人机。如今该类无人机的应用得到广泛的发展,在超低空侦查、航拍、娱乐等领域都有巨大的应用场景。其任务场景具有如下特点:

(1)飞行空间复杂,其中障碍物包括地形、建筑、其他静态目标以及飞行器等。

(2)感知方式受载荷限制,采用轻质、低成本方案。

(3)飞行操作差异化、性能差别大。

(4)低空、慢速、小目标,传统的空域监管方法难以应用。

(5)定位、导航易受环境影响等。

轻小型无人机的感知与规避系统设计应该针对飞行器属性、任务属性等进行有针对性的设计,实现低成本、高可靠性的感知与规避解决方案;考虑低空无人机的任务特点与环境要求,感知与规避任务的实现与导航、控制紧密结合,实现融合式 SAA 与任务导航。低空无人机 SAA 原理如图 2 - 9 所示。

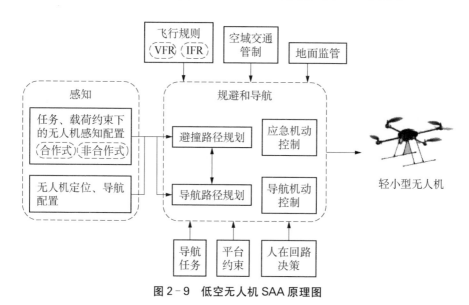

图 2 - 9　低空无人机 SAA 原理图

2.3　小结

本章主要介绍无人机感知与规避的体系构架。

首先介绍了无人机感知与规避的技术,其主要功能由飞行空间的远距离空间分离功能和近距离障碍规避功能组成。通过两者的结合,达到与有人机类似的安全保障能力。具体包括检测、跟踪、评估、威胁等级判断、声明、决策、机动功能,并指出感知与规避功能是通过航路分离(separation)和碰撞规避(collision avoid)实现的。

其次介绍了空域集成的无人机感知与规避的任务是在准确的空域、空中交通特性描述与建模的基础上,发展高性能、高可靠性的智能感知传感器技术,目标检测、跟踪算法,以及高效、安全的路径规划算法;在此基础上,进行无人机感知与规避系统的构架、建模与仿真,对算法进行有效的测试与验证,并通过概念验证与试验测试,对系统、算法、决策功能等进行安全性能评估;最终,在大量的算法和试验测试的基础上制定无人机空域集成和感知与规避的政策和标准,指导无人机的安全飞行和 SAA 系统的设计、制造等。

最后介绍了无人机感知与规避系统构架,包括空中无人机感知与规避(mid-air SAA)系统构架和轻小型无人机(SUAV)感知与规避系统构架。

参 | 考 | 文 | 献 ●●

[1] 潘泉. 无人机感知与规避技术发展与挑战[C]//2015 年中国自动化大会,2015.
[2] 林斐. 浅谈美国 FAA 的航空运输监控系统[J]. 江苏航空,2007(1):2 - 5.
[3] 王文豪,陈敬松,庞海龙,等. 无人机系统 ISRK 体系架构设计[C]//第十九届中国科协年会:分 4 信息新技术 东北新工业论坛,2017.
[4] 宋绍梅,张克,关世义. 基于层次分解策略的无人机多机协同航线规划方法研究[J]. 战术导弹技术,2004(1):44 - 48.
[5] 蔡志浩,杨丽曼,王英勋,等. 无人机全空域飞行影响因素分析[J]. 北京航空航天大学学报,2011,37(2):175 - 179,184.

3　无人机感知与规避的总体技术研究

3.1　无人机感知与规避原理

　　无人机感知与规避功能以目标属性(如合作式/非合作式、飞行器状态等)为主要输入,根据目标属性实现信息感知、安全评估与优化控制和机动控制等,最终实现与障碍目标的分离和规避;规避的主要性能指标包括分离距离(separation distance)、规避预留时间、航迹、机动输出等。

　　无人机感知与规避的基本原理如图 3-1 所示。

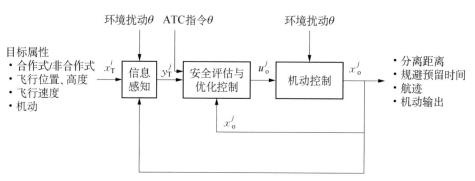

图 3-1　无人机感知与规避的基本原理

　　其中 x_T^i 为目标 $i(i=1, \cdots, n)$ 的状态信息,y_T^j 为本机 $j(j=1, \cdots, m)$ 对目标 i 的感知信息,其信息属性与具体的本机传感器配置有关。在安全评估与优化控制阶段,以本机状态 x_o、目标量测 y_T^j 以及 ATC 指令作为输入,以本机操作机动输出 u_o^j 作为输出给定至无人机平台,实现规避机动控制,最终输出目标

状态 x_o^j 和航迹。定义环境扰动,如气象、电磁干扰等对感知和机动的影响为 θ。在感知与规避过程中,目标感知和规避路径及机动控制往往与本机状态 x_o 互相耦合,这就要求在信息感知和规避控制中要融合目标的导航状态信息 $\hat{x}_o^j$。

在未来密集的空域中,$i > 1$ 即需要实现多目标的感知与规避;当 $j > 1$ 时,即本机为编队或集群状态时,需要实现编队和集群的感知与规避。

感知与规避性能是用安全性、高效性和精确性进行衡量的,具体如下。

(1)安全性(safety):SAA 空域环境感知与路径规划设计要以安全性作为首要考虑因素,同时也是无人机未来空域集成的首要考虑因素。

(2)高效性(efficiency):作为智能系统的重要特性。无人机在进行感知与规避时,目标的信息感知和具体路径规划与机动控制应体现系统的合理性和高效性。

(3)精确性(accuracy):精确性是系统功能实现的重要保证。在无人机感知与规避功能中,体现为目标感知的精确性以及路径规划与跟踪的精确性。

根据上述指标系统,无人机感知与规避系统可按下述功能函数进行设计。

$$\max J = \sum_{i,j} P\{x_T^i(t) \notin R[x_o^i(t)]\} + D[x_o^j(t), \hat{x}_T^i(t), S] + C[x_o^j(t), x_o^{j*}(t)]$$
$$\text{s. t.} \quad P\{x_T^i(t) \notin R[x_o^i(t)]\} > \bar{P} \quad \forall i, j$$
$$u_o^j(t) \in U \forall j \qquad (3-1)$$

通过最大化功能函数 $J(\cdot)$,实现感知与规避性能的最大化。根据功能,函数分为 3 个部分,即通过 $D(\cdot)$ 实现感知性能最大化,通过 $P(\cdot)$ 实现最优的规避决策,通过 $C(\cdot)$ 实现最优的规避路径设置。功能函数的主要约束为平台约束和碰撞决策约束,即在碰撞概率大于预定的值 $1-\bar{P}$ 时,存在碰撞威胁。

其中 S 为传感器配置属性,$\bar{P}$ 为目标的安全置信程度,U 为本机的机动约束等。

1)感知性能

感知能力即在特定的感知配置属性 S 下,通过算法实现目标状态 $\hat{x}_T^i(t)$ 的精确估计。高精度的目标状态估计是可靠的威胁评估和路径规划的前提。

给定目标的运动方程 $x_T(t) = f[x_T(t-1), V_T]$;

量测方程 $Z(t) = g[x_o(t), x_T(t), S]$;

估计误差 $\tilde{x}_T(t) = x_T(t) - \hat{x}_T(t)$;

目标感知能力可由式(3-2)表示:

$$D[x_o^j(t), \hat{x}_T^i(t), S] = -K_D \int_{t_o}^{t_o+h} E[\parallel \tilde{x}_T^i(t) \parallel^2 \mid x_o^j(t), S, V_T] dt$$

$$(3-2)$$

式中，V_T 为飞行器模型预测的相关参数；$h(\cdot)$ 为目标优化预测时间窗。公式通过给定的本机状态、感知配置和目标状态参数，实现最小化系统估计误差，从而使感知能力最大化。$D(\cdot)$ 与时间窗 $h(\cdot)$ 内的目标估计误差成反比，$D(\cdot)$ 越大表示目标的感知精确性越高，反之则越低。

2）威胁评估

威胁评估（概率意义下）能力表示在感知数据 $(\hat{x}_T^i, \sigma_i)$ 的支持下，评估目标的威胁程度，即目标与本机的碰撞威胁概率。通过定义安全包络（见图 3-2）可建立如下威胁评估公式：

$$P\{x_T(t) \notin R[\hat{x}_o(t)]\} = \int_{\Omega \backslash R(x_o^j)} f[x_T^i(t)] d[x_T^i(t)] \qquad (3-3)$$

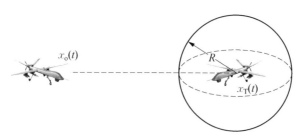

图 3-2　基于安全包络的威胁评估示意图

式中，$f[x_T^i(t)]$ 是评估出的目标飞行器状态的概率密度函数；Ω 表示分离距离之内的飞行区域，仅当目标飞行器进入 Ω 时才对无人机进行规避优化控制。P 越大，表示安全性越高，反之则越低。

3）路径规划函数

路径规划函数的目的是实现对目标的有效规避，同时实现最为经济、有效的路径跟踪与机动优化，公式如下：

$$C[x_o(t), x_o^*(t)] = -K_{C1} \parallel x_o(t) - x_o^*(t) \parallel^2 - K_{C2} \parallel \dot{x}_o(t) - \dot{x}_o^*(t) \parallel^2$$

$$(3-4)$$

式中,$x_o^*(t)$为预定航路;C包含了本机与预定航路的偏差和机动代价,C越大,表示飞行的效率越高,反之则越低。规避路径如图 3-3 所示。

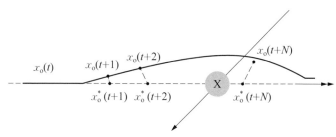

$$图 3-3　规避路径示意图$$

功能函数的优化求解面临如下挑战:

（1）目标函数变量多,非凸、非线性,计算复杂度高。

（2）飞机飞行速度较快时,对优化算法的实时性要求较高,需要设计快速但保证性能的优化算法。

（3）飞机或目标数量较多时,集中式算法难以进行优化（NP hard）,需要设计分布式的优化算法。

（4）航空管理中的指令信息也需要加入控制优化的设计中,例如优先权设定、空域管制、任务分配等。

（5）对不同类型的无人机以及不同类型的传感器,运动模型、感知参数、环境变量、优化方法的确定需要长时间、大批次的飞行测试。

3.2　无人机感知与规避技术分解

无人机感知与规避是无人机自动化水平的高度体现,是信号处理、通信、自动控制与人机交互等一系列技术的融合。无人机感知与规避技术分解如图 3-4 所示。

在图 3-4 中,传感器、传感器信息融合、数据融合、自动决策和机动控制算法组成了 SAA 的核心功能,即无人机空间环境感知和自主障碍路径规划、规避机动控制。数据链路决定了各个功能模块之间信息的传送和共享。操作交互接口保证人在回路功能高效、直观、透明地交互、运行。

针对无人机感知与规避的研究可归纳理解为如图 3-5 所示的关键技术。

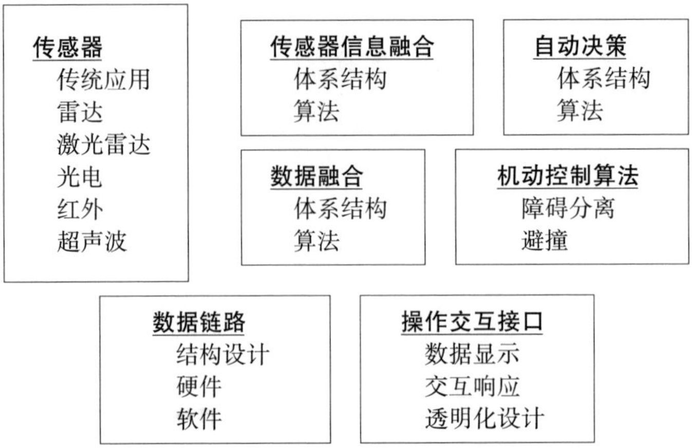

传感器
传统应用
雷达
激光雷达
光电
红外
超声波
传感器信息融合
体系结构
算法
自动决策
体系结构
算法
数据融合
体系结构
算法
机动控制算法
障碍分离
避撞
数据链路
结构设计
硬件
软件
操作交互接口
数据显示
交互响应
透明化设计

图 3-4　无人机感知与规避技术分解

传感器
• 传感器体系设计
• 传感器数据处理
• ……
SAA
平台
• 先进飞行器技术
• 平台载荷控制技术
• ……
C3
• ATC设计
• 通信加密与保障
• ……

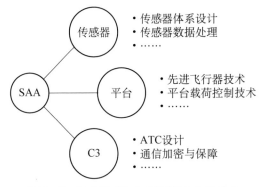

图 3-5　无人机感知与规避研究关键技术

3.2.1　无人机空间环境感知技术

空间环境感知技术是指在飞行过程中，无人机系统对通过通信联络以及自身传感器获取的空间信息进行综合处理，获取有关无人机飞行任务信息的关键数据的过程。无人机空间环境感知功能如图 3-6 所示。

空间环境信息
目标信息
本机状态信息
综合传感
功能定义
信息处理
传感配置
感知数据

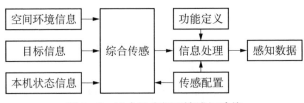

图 3-6　无人机空间环境感知功能

在基于 SAA 任务的空间环境感知中,空间环境信息往往会对感知信息的能力造成影响,如云雾、气象条件等对被动传感器造成的图像质量下降的干扰;电磁、微波等对主动感知设备造成的虚警的干扰,以及对通信链路造成的通信中断等的影响,等等。综合传感是在具体的无人机感知配置下对上述信息进行采样表示的过程,感知过程随无人机传感器配置和属性的不同而不同;信息处理是针对无人机感知与规避任务,对综合传感数据进行分析、处理得到目标飞行状态信息的过程,由于传感器功能、属性的不同,因此感知数据也相应地不同。

无人机空间环境感知的能力通常受如下因素影响,即传感器属性、平台属性以及飞行空间状态属性。其中无人机的平台属性决定了传感器的搭载配置,具体的飞行空间状态属性决定了无人机的具体感知数据的质量。同时在感知与规避任务中,针对特定的飞行环境需根据空中交通要求与具体无人机任务进行有效的传感器搭载配置。

无人机感知技术根据传感器位置、工作方式和工作原理的不同可进行配置,如图 3-7 所示。

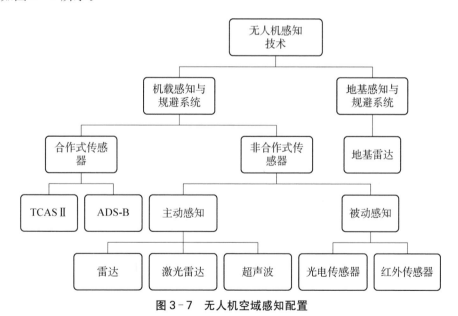

图 3-7 无人机空域感知配置

根据目标数据获取方式的不同,可将传感器分为合作式目标感知和非合作式目标感知系统,合作式目标感知技术是指无人机通过自身设备接收其他飞行器发出的无线电信号进行空域目标感知。针对合作式目标的主要技术手段包括空中交通管制应答机制(ATC transponder)和广播式自动相关监视技术(ADS-B)。

典型的空管应答机制是 TCAS 系统,TCAS 是一种由美国联邦航空管理局(FAA)提出的空中交通防撞系统。它是一种机载设备,能够实时地通过请求应答的方式来监视空中具有碰撞威胁的飞行器(该飞行器同样也安装了 TCAS 系统)。TCAS 是一种独立于 ATC 的机载设备,目前 TCAS 已经出现了两代产品,即 TCAS Ⅰ,TCAS Ⅱ。两类系统都可显示与地图类似的空中交通情况。

装有 TCAS 的飞行器在飞行过程中,不断地发送本机的信息,同时又不断监听来自空域中的其他装有 TCAS 的系统发来的信息,结合自身的位置信息,TCAS 能够确定是否有飞行器靠近,并判断是否构成碰撞威胁。威胁评估主要分为两部分,一是水平距离测试:两架飞机之间的距离(如是否为 0.4 n mile)或者两架飞机相撞之前的最短时间(如 40 s)。二是高度测试:对于高度的测评主要是在规定的安全范围内两架飞机是否接近。当两部分检测都满足时,证明入侵威胁飞机。在确定威胁后,TCAS 系统产生避撞信息指导信息。但 TCAS 系统的探测范围局限于加载应答机的飞行器,且系统获得的角度信息来源于 TCAS 天线,误差较大,综合考虑通信故障导致的 TCAS 系统故障,单独的 TCAS 系统并不能完成无人机空域障碍感知的任务。

ADS-B 设备通过全球卫星定位系统(GNSS)、惯导系统(INS)等机载航电设备,获取飞机的四维位置信息,包括经度(longitude)、纬度(latitude)、高度(altitude)、时间(time),以及飞机自身的状态信息(速度、方向等)。ADS-B 系统由 ADS-B OUT 和 ADS-B IN 两部分组成,ADS-B OUT 是指发射机以一定周期广播飞行器信息,其中包括识别标志(ID)、位置、高度、速度、方向和爬升率等。ADS-B IN 能够接收由 ATC 和装备有 ADS-B OUT 设备的飞行器的信息,ADS-B 系统工作原理如图 3-8 所示。

ADS-B 系统不仅能够监视空域中装载有 ADS-B OUT 设备的飞行器,而且通过与空中交通管制(ATC)系统的交联,能够获取飞行空域的天气、地形、空域限制等飞行信息。这样,ADS-B 系统能够提供飞行规程、ATC 信息、合作式目标感知的无人机飞行安全包络的详细信息,通过一定的算法能够实现无人机的路径规划、空域目标感知、威胁评估、冲突规避等,同时,通过 ADS-B 系统可以将无人机纳入 ATC 的监管范围,为安全、高效的飞行提供保障,从而保证无人机的飞行空域安全,加快无人机在民用领域的集成。

合作式目标感知技术是无人机空域集成的重要技术,但由于合作式感知与规避需要本机与目标之间能够通过一定的协议获取对方的位置和状态信息,针对非合作式目标,该通信协议并不存在,无法实现对空域飞行器的监视和规避。

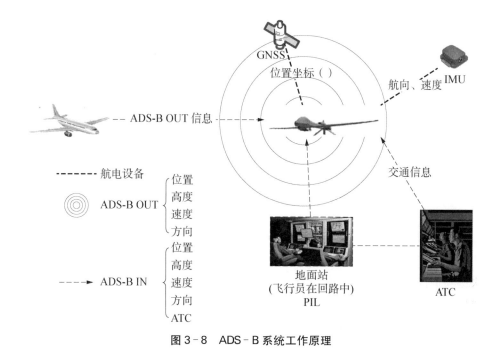

图 3‐8　ADS‐B 系统工作原理

在这种情况下,必须通过无人机自身加载传感器实现对空域的非合作式目标感知。非合作式目标感知系统与技术同样是无人机感知与规避不可或缺的一部分。

无人机机载主传感器包括光学、射频设备。光学设备包括常见的可见光(optical)相机、红外(infrared)相机、高光谱等。

无人机光学系统是实现无人机非合作式目标感知与规避系统必不可少的传感器,也是满足等价有人飞行"看见并规避(see and avoid)"的重要组成部分。在无人机系统中,光学设备主要通过光学吊舱加载于机头位置,其目的大多是实现精确的对地观测,从而为情报侦察、景象匹配导航等提供数据。而在无人机感知系统需求中,传感器视场需满足水平视场角 $H\pm110°$,垂直视场角 $V\pm15°$,因此,传感器任务载荷并不适用于无人机非合作式目标感知。针对该情况,只有通过加载另外的光学感知系统,通过合理布局,满足感知与规避系统要求。通过光学传感器信息和数字图像处理系统,光学系统能够提供直观、准确的俯仰、方位角度信息。数字图像处理系统可以装载在平台上或者加载于地面站上。地面站实现图像数据处理不需要考虑机载平台的计算能力,能够在地面获取最直观的、空域传感器获取的信息。但由于通信延迟、信号不稳定等方面的影响,地面站不能实时、准确地获取无人机飞行空域的准确信息。通过机载平台能够克服图传通信延迟、信号不稳定的缺点,得到实时、准确的空间感知信息。但由于大部分机载计算机不具备高速的图形计算功能,且在中小型无人机中不具备机载计算机系统,因此必须加入专门的图像处理计算系统,从而加大了无人机的载荷。但随着 ARM＋DSP、ARM＋FPGA 系统的大量开发和应用,开发体积小、质量轻、功耗低、高度集成的机载图像处理平台是无人机光学感知系统的必然选择。

由于光学系统仅能够获取目标的二维角度信息,无法获取目标的距离信息,因此,不能满足基于三维空间包络的无人机飞行安全规则。在高速、高空无人机系统中,依据角度信息无法实现对空域飞行目标的威胁评估,以及确定威胁后的最优路径规划。

无人机机载雷达系统能够全天候使用,对云雾等极端天气有一定的穿透能力。同时雷达具有探测范围广、测距精度高等特点。雷达系统是中型无人机和高空长航时无人机的主要任务载荷,利用机载雷达能够实现对空域目标的感知,但由于任务功能需求不一致,需要对无人机天线进行重新设计,从而满足无人机视场的要求。雷达系统大多体积、功耗较大,在中小型无人机系统中无法使用,且雷达系统的测角精度较差,以此为依据进行无人机感知与规避机动,必然会造成较大的误差。另外,在更多的军事领域中,隐身、功耗等要求决定了雷达并不能连续工作于扫描模式,因此单纯依靠雷达无法实现对空域目标的精确感知。雷达天线安装如图 3-9 所示,针对 MQ-4 设计的感知与规避雷达系统如图 3-10所示。

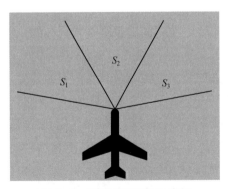

图 3-9　雷达天线安装示意图

图 3-10　针对 MQ-4 设计的感知与规避雷达系统

综合比较无人机目标感知系统,针对合作式目标传感器,需要严格依靠目标飞行器与本机之间存在的直接或间接的通信链路,实现彼此位置和状态的互相感知,在通信信号微弱或中断时,系统将无法工作,且此类系统不能针对非合作式目标进行感知。针对该情况，可以通过完善合作式目标感知系统通信链路，并通过相关航空政策、法规对进入该空域的无人机加以约束，从而保证无人机的目标感知和空域飞行安全。

针对非合作式目标传感器，可见光、红外传感器等易受云雾、雨雪等天气限制而使得感知能力大大下降，只能获取目标的方位和俯仰角度信息。而雷达的测角性能不精确，且受制于机载平台的工作模式和天线设计，不能完全满足感知需求。因此，提出依靠机载传感器，实现对空域目标精确感知的多源信息融合目标感知方案具有重要的意义。一种多源信息融合感知与规避系统方案如图 3-11 所示。

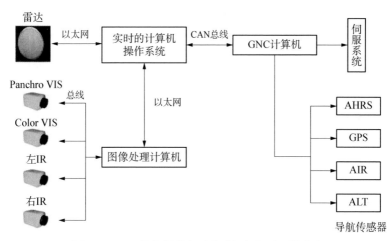

图 3-11 一种多源信息融合感知与规避系统方案

1) 平台任务属性

无人机的平台根据任务属性、尺寸功能等可分为高空长航时（HALE）无人机、中空长航时（MALE）无人机、战术无人机（TUAV）、小型无人机（SUAV）和微型无人机（MUAV）。无人机属性分类如表 3-1 所示，无人机任务属性如图 3-12 所示。

表 3-1 无人机属性分类

种　　类	质量/kg	高度/m	巡航时间/h	任务半径/km
高空长航时无人机	>3 000	>10 000	>24	>1 000
中空长航时无人机	>1 000	5 000～10 000	>24	500～1 000
战术无人机	<750	3 000～5 000	8～24	200～500
小型无人机	<150	1 000～3 000	2～8	<200
微型无人机	<5	<1 000	<2	<5

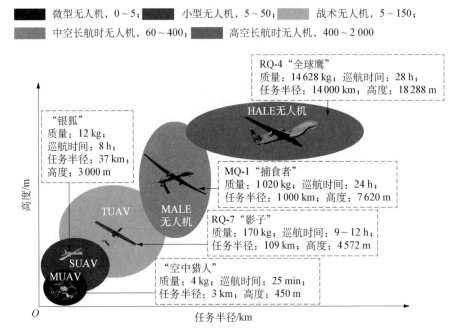

图 3-12　无人机任务属性

2) 空域划分与飞行操作要求

为实现无人机的空域集成,实现无人机在特定空层的安全飞行,无人机需满足特定空层的空间属性要求与空层通信、操作方位要求。美国现行的空域划分层次如图 2-3 所示,表 3-2 为在相应空域飞行的设备配置要求与飞行规则。

表 3-2　在相应空域飞行的设备配置要求与飞行规则

无人机类型	飞 行 空 域	飞 行 装 备	飞 行 规 则
高(中)空长航时无人机	A~G	有人机等价配置;感知与规避能力;通信链路保障	IFR+VFR
战术无人机、小型无人机	C、D、E、F、G	有人机等价配置;感知与规避能力;通信链路保障	IFR+VFR 只有 VFR
微型无人机	G	视距飞行/与 ATC 或操作者双向通信/地面控制系统	只有 VFR

无人机空间环境感知能力受传感器属性、飞行平台属性以及空间环境属性三者的共同影响。根据上述描述,可得如表 3-3 所示的无人机-传感器-空域感知的配置。

表3-3　无人机-传感器-空域感知配置

无人机类型	GBSAA	TCAS	ADS-B	可见光传感器	IRST	红外相机	雷达	激光雷达	声音
高空长航时无人机		√*	√*		√		√		
中空长航时无人机	√*	√*	√*		√		√	√	
战术无人机	√		√*	√	√	√	√		
轻型无人机			√*	√		√	√		
微型无人机				√		√		√*	√

注:▇▇——无人机代表性传感器配置;√——具备感知规避功能的无人机-传感器配置;*——未来ATC功能需求。

　　无人机感知数据处理技术是感知与规避任务中的一项核心技术,针对特定的传感器配置,实现空域目标的实时检测、定位、跟踪、识别等任务,对后续的路径规划至关重要。由于不同的传感器作用对象、信息属性、功能原理各不相同,因此需针对特定的传感器进行相关的算法技术设计,空域感知算法总结如表3-4所示。

表3-4　空域感知算法总结

GBSAA		协同目标定位与跟踪 传感器管理与资源优化 多目标、多路径
ABSAA	TCAS/ADS-B	通信完整性保障 通信延迟估计与消除
	光电/红外	鲁棒空中弱小目标检测技术 机载高性能图像处理技术 视觉目标跟踪技术 多目标跟踪技术 运动目标分析
	雷达	精确目标定位与跟踪技术 机载多目标跟踪技术
	激光雷达	点云数据处理
	声音	延迟估计 位姿、速度估计

3.2.2　无人机避撞路径规划

针对无人机感知与规避任务的路径规划是指无人机依靠感知信息得到威胁目标的运动状态,根据碰撞规避点、规避预留时间等确定一条碰撞威胁最小的路径的过程。此外,无人机的路径规划还受燃油、机动等影响,其本质是一类多约束优化问题。通过定义任务空间维度和空间搜索,在基于指标空间的定义下,实现最优的路径求解。路径规划求解方法可按表3-5进行分类。

表3-5　路径规划求解方法

基于采样的路径规划方法	确定性的搜索方法概率搜索方法	可用于高维C空间的路径规划问题
解耦合路径规划方法	两步法 用多项式圆弧进行离散C空间插值	针对优化项可任意解耦合
数值优化方法	混合整数线性规划 非线性规划 动态规划 二次规划 Pontryagin 最低原则	对初始值敏感,计算复杂度较高
启发式方法	遗传算法 粒子群优化 人工蜂群优化 生物地理优化算法	动态环境稳定,对信息不完备、不确定敏感
其他	人工势场法 人工非线性规划 粒子群优化＋非线性混合整数规划	具有局部极小值问题

在无人机感知与规避过程中,在全局任务空间环境高度已知的情况下,全局优化算法能够实现全局的路径最优求解。但无人机的传感器作用范围、属性功能等不同,所以对空间的感知能力也不同。加之空间环境高动态、平台差异大等特点,全局的路径优化通常难以实现,基于局部函数的优化在环境未知的情况下具有重要的应用价值。

1）全局路径分离

在环境模型已知的情况下,全局路径分离通过优化全局目标函数,进行路径重规划,实现碰撞规避。该方法相对反应式碰撞规避方法具有更好的路径优化性能,但该方法高度依赖于对环境的感知能力,即在远距离感知、精确获取目标状态的情况下,实现基于航路分离目标功能的规避,适用于 ATC 分离功能级别的感知与规避。

（1）状态空间搜索方法。状态空间搜索方法通过将飞行空间进行状态定义,并在给定的目标函数下,对操作空间进行搜索,求得最优的状态合集,即为目标优化路径。A^* 算法是一类分支定界的路径搜索优化的算法,通过划分飞行空间网格,并通过节点表示本机、目标的状态信息。A^* 算法中目标函数的建立包含节点路径代价和预估启发代价。在障碍规避应用中,该目标函数通常指节点规避路径代价和规避碰撞风险代价,通过全局搜索获取最优规避路径。A^* 算法理论上能够优化得到最优路径,但其计算和内存消耗随着节点数的增加呈指数型上升,且其作为一种静态空间搜索方法,不适用于动态空间的路径规划问题。另外一种空间搜索方法是快速随机搜索树（RRT）方法,这种方法能够实现快速、有效的高维空间路径搜索。其原理是从初始节点开始,通过随机空间采样进行树节点扩展,并最终实现零规划。但其随机性选择节点的方式决定了其优化性能难以保证。通过将 RRT 算法与其他的局部路径规划方法结合,能够实现更好的规避机动性能。通过闭环 RRT,将闭环模型预测控制（close loop model predictive control）与 RRT 路径搜索相结合,通过闭环机动控制飞行轨迹预测,实现更小的预测误差和碰撞风险,并且路径规划考虑了目标的机动约束。

（2）遗传/进化算法。遗传算法（genetic algorithm,GA）是模仿达尔文自然选择理论进行寻优的方法。通过将状态空间变量定义为染色体上的基因,并模仿繁衍、杂交、突变等基因操作实现优化搜索。Tu 利用遗传算法实现静止/运动环境下的规避路径规划,通过可变染色体长度实现最小碰撞威胁和最少路径消耗。Durand 等利用遗传算法训练神经网络,用于飞行中发生碰撞威胁时的快速优化路径解算。然而遗传算法在复杂的环境下对计算性能要求较高,且算法易陷入极小值。

（3）集群（SWARM）算法。蚁群优化算法（ant colony optimization,ACO）是一类模仿蚂蚁觅食规律的仿生算法,通过不断增强备选最优路径信息素的方式得到最优路径。Duan 设计了一种自适应上下界的 ACO 算法,通过重规划路径实现对静态、动态和随机障碍物的规避。与之类似,Liu 将 ACO 扩展至多智能体的障碍规避中。粒子群优化算法（particle swarm optimization）是一类模仿鱼和鸟的集群飞行行为的路径规划方法。通过设计目标函数,评价粒子的位置,并通过不断地移动优化粒子,达到路径寻优的目的。通过设计关于目标位置和障碍位置的优化函数,实现障碍规避。算法能够实现对静态和动态环境中的多平台协同规避,但其缺点是易陷入极小值,是一种次优路径优化方法。其他的全局规划算法包括混合整数线性规划、非线性规划、动态规划、二次规划等。

2)反应式避撞

反应式碰撞规避用于感知信息有限,对环境、目标模型不能精确建模的情况,是一种保守的碰撞消减算法。通过应用局部、有限的信息,算法实现对下一步动作的解算。因此,反应式算法能够有效地应用于高动态、环境随机的碰撞规避,且计算代价较小,但算法的优化效果相比于全局算法较差。

(1) 势场法。

人工势场法(artificial potential field,APF)利用原子的吸引、排斥原理,定义平台与空间环境的状态关系。通过将目标路径定义为引力函数,将障碍定义为斥力函数,可将其应用于障碍规避场景中。利用 APF 方法,设计目标引力与障碍斥力函数,确定平台的飞行方向和速度,实现实时的规避路径规划。由于 APF 方法的计算仅仅依靠当前平台位置与空间环境关系进行机动确定的贪婪算法,因此 APF 方法通常比其他方法运算更加高效,但易陷入局部极小值和振荡中,不适用于全局的路径规划。针对局部极小值问题,有很多研究工作对其进行了改进。与之类似的方法还包括虚拟力方法等。

(2) 模糊逻辑。

模糊逻辑方法通过设计模糊化规则的方式,定义环境与决策确定关系。许多研究工作已经将模糊逻辑控制引入系统控制与障碍规避中。文献中,Dong 通过建立目标-本机相对位置与本机速度、偏航的模糊逻辑规则,完成障碍规避。Lin 利用本机与障碍物的位置以及碰撞概率确定本机机动。模糊逻辑方法能够在具有大量环境不确定的情况下,进行决策判断和机动控制,但其高度依赖于规则的确定,在真实的未知环境中,难以获得理想的模糊规则。

(3) 几何法。

几何法是避撞路径规划中最为常用的方法,直接利用空间几何关系描述本机与环境的状态关系,实现直观、高效的路径解算。比例导航(proportional navigation)、最近碰撞点(point of closest approach)、碰撞核(collision cone)方法等算法的基本原理是利用本机与障碍物的速度,确定是否存在碰撞,当碰撞存在时,通过调整飞行方向实现碰撞威胁最小。将几何法扩展至三维空间的多机协同规避问题。用几何方法进行碰撞威胁评估与 Dubins 路径规划方法结合,基于正切圆角和直线进行碰撞路径设计,实现多无人机碰撞路径规划。几何法基于已知局部信息进行几何解算,难以保证路径的全局优化性能。

3) 混合方法

考虑全局规划方法与局部规避碰撞方法各自的优势和缺点,将两者结合能够实现功能互补,实现最优、快速、稳定的避撞路径规划。如虚拟力+A^*方法(HVFA),将A^*全局优化搜索算法与虚拟力局部规避方法结合,其相比A^*方法,具有更加快速的搜索优化速度,同时比虚拟力方法有更好的优化性能。

3.2.3 机动控制技术

基于路径规避的无人机机动控制分为两种,即基于分离功能的路径规避与基于应急规避功能的机动控制。前者是基于导航功能的导引控制率,在导航机动包络内实现分离功能的路径跟踪;后者则是通过单独设计高效、精确的控制率,在应急机动的时间范畴内,实现快速的规避机动。

3.3 小结

本章介绍了无人机感知与规避的原理,即以目标属性,如合作式/非合作式、飞行器状态等为主要输入,根据目标的属性实现信息感知、安全评估与优化控制和机动控制等,最终实现与障碍目标的分离和规避。

以最大化功能函数$J(\cdot)$实现感知与规避功能的最大化,主要包括3部分:通过$D(\cdot)$实现感知性能最大化,通过$P(\cdot)$实现最优的规避决策,通过$C(\cdot)$实现最优的规避路径设置。

无人机空间感知技术受传感器属性、平台属性以及飞行空间状态属性的影响。根据目标数据获取方式的不同,可将传感器分为合作式目标感知和非合作式目标感知系统。合作式目标感知技术是指无人机通过自身设备,接收其他飞行器发出的无线电信号进行空域目标感知。针对合作式目标的主要技术手段包括空中交通管制应答机制(ATC transponder)和广播式自动相关监视技术(ADS-B)。非合作式目标感知系统与技术同样是无人机感知与规避不可或缺的一部分,必须通过无人机自身加载传感器实现对空域的非合作式目标感知,无人机光学系统是必不可少的传感器。根据任务属性、尺寸功能等属性可分为高空长航时(HALE)无人机、中空长航时(MALE)无人机、战术无人机(TUAV)、小型无人机(SUAV)和微型无人机(MUAV)。根据无人机的空域集成,实现无人机在特定空层的安全飞行,无人机需满足特定空层的空间属性要求与空层通信、操作方法任务要求。

　　无人机路径规划主要有全局路径分离(状态空间搜索方法、遗传/进化算法、SWARM 算法),反应式避撞(势场法、模糊逻辑、几何法)和混合方法。基于路径规避的无人机机动控制分为两种,即基于分离功能的路径规避与基于应急规避功能的机动控制。

参|考|文|献 ●●

[1] 赵大伟,裴海龙,丁洁,等.无人机机载激光雷达系统航带拼接方法研究[J].中国激光,2015,42(1):315-322.

[2] 许精明.状态空间的启发式搜索方法研究[J].微机发展,2002,12(4):87-89.

[3] 罗志军.遗传算法全局收敛性的齐次有限马尔柯夫链分析[J].系统工程与电子技术,2000,22(1):73-76.

[4] 李炜,张伟.基于粒子群算法的多无人机任务分配方法[J].控制与决策,2010,25(9):1359-1363,1368.

[5] 丁家如,杜昌平,赵耀,等.基于改进人工势场法的无人机路径规划算法[J].计算机应用,2016,36(1):287-290.

[6] 郝冬,刘斌.基于模糊逻辑行为融合路径规划方法[J].计算机工程与设计,2009,30(3):660-663.

4 无人机空间环境感知技术

4.1 基于视觉注意力的目标感知与定位算法

视觉注意(visual attention)是指人类在处理视觉信息时,能够从外界输入的大量信息中快速筛选出有用信息。视觉注意通过对图像自身信息进行分析,能够快速提取出某些特征上的显著区域。这些区域作为目标时由于具有较为显著的特征,所以在进行目标检测、识别、跟踪时,能够从背景干扰中被很好地提取出来,有利于下一步的检测与识别。

Itti 注意力模型具有较快的计算速度,通过对提取到的图像色彩、亮度和方向特征进行整合,计算得到最终的显著区域。事实上,对于无人机感知与规避,仅依靠上述 3 个特征难以描述目标的可感知、可匹配等性能,因此我们通过引入快速鲁棒特征(speeded-up robust features,SURF),提出了一种多特征融合的视觉注意模型(multi feature integrated-visual attention model,MFI-VAM)。

4.1.1 基于多特征融合的视觉注意模型

SURF 是一种新的局部不变特征算法,通过对子区域的梯度信息进行整合,能够有效解决在几何变换、畸变、仿射变换、视角变换、亮度变换、噪声干扰等情况下实时图与基准图的匹配问题。为了在 Itti 视觉注意计算模型的框架下引入 SURF 特征,需要产生 9 个尺度空间上的 SURF 金字塔,即从 $1:1$(第 0 层)到 $1:256$(第 8 层)尺度。

(1) 提取原始图像 9 个尺度上的高斯金字塔图像,$\sigma \in \{0, \cdots, 8\}$。

(2) 提取不同尺度图像的 SURF 特征图,用 $\mathrm{Surf}(\sigma)$ 表示,$\sigma \in \{0, \cdots, 8\}$,

位置(i,j)处若存在 SURF 特征点,则 Surf=1;反之,Surf=0。

(3) 将不同尺度的 SURF 特征图调整为与 Itti 视觉注意模型中图像色彩、亮度、方向 3 个特征的关注图尺寸相同,通过整合跨尺度的特征图,获得 SURF 特征通道的关注图 $\bar{S}$。这一操作实际计算的是 SURF 特征点在各个尺度 SURF 特征图中某个像素位置(i,j)处的总个数,也即跨尺度的 SURF 特征密度。按照这样的操作遍历整幅图像后,便可得到 SURF 特征通道的关注图 $\bar{S}$。

(4) 在原 Itti 模型中引入 SURF 特征通道的关注图 $\bar{S}$,经过归一化操作与图像色彩、亮度、方向 3 个通道的关注图进行融合,即

$$S = \frac{1}{4}\left[N(\bar{I}) + N(\bar{C}) + N(\bar{O}) + N(\bar{S})\right]$$

得到 MFI-VAM 显著图。

(5) 通过全神经网络的相互竞争得到显著区,并通过返回抑制机制抑制当前显著区,使注意力转向下一个最突出的区域,完成对显著区域的提取。

4.1.2　基于 MFI-VAM 的无人机视觉导航景象匹配实验

1) 基于 MFI-VAM 的适配区提取步骤

视觉注意能够快速提取出在某些特征方面较为突出的显著区,理论上来说这些显著区具有较好的匹配性能。因此,通过引入视觉注意计算,能够对适配区进行选取。基于 MFI-VAM 提取适配区的主要流程如下:

(1) 对基准图提取图像亮度、色彩、SURF 特征,通过 Gabor 滤波器提取方向特征。

(2) 采用高斯金字塔,提取 9 个尺度的 4 类特征图。

(3) 通过中心-周边差异和归一化计算,获得亮度、色彩、方向的特征映射图。

(4) 跨尺度进行特征映射图整合,得到各个特征的关注图,SURF 特征通道的关注图通过计算跨尺度的 SURF 特征密度得到。

(5) 以线性加权方式获得最终的显著图。

(6) 将基准图提取的显著区作为景象匹配的适配区。

2) 基于 MFI-VAM 的显著区提取及景象匹配实验

实验环境:计算机、奔腾 CPU、2G 内存、Windows 7 操作系统、Matlab R2011a 开发平台。

实验数据:图像采集由固定在无人机下方的单目摄像机完成,实验数据来自

某次无人机航拍录像中抽取的 3 张图片,作为实时图,并从谷歌地图获取与实时图相同经纬度、相同视角高度、相同区域的地图,校正之后作为基准图。然而校正之后的基准图并不能完全消除尺度、旋转角度等差异,与实时图之间仍然存在色彩、噪声、尺度、角度等差异。

　　基于 MFI-VAM 视觉注意计算模型,提取实时图的显著区。图 4-1 为三组基准图和实时图,图 4-2 为图 4-1 中实时图对应的显著区提取结果。

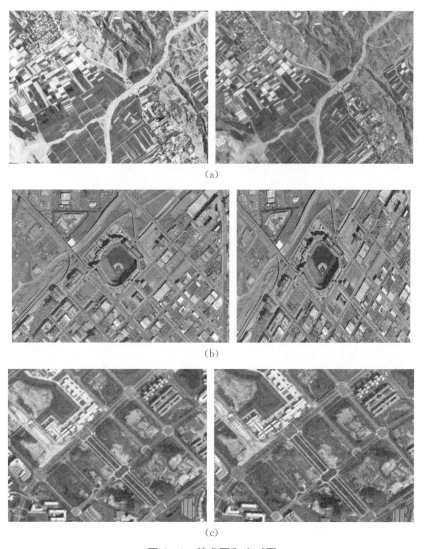

(a)

(b)

(c)

图 4-1　基准图和实时图

(a) 实时图相对基准图旋转 5°,尺度放大 1.1 倍　(b) 实时图相对基准图旋转 −5°,尺度放大 1.1 倍
(c) 实时图相对基准图旋转 3°,尺度放大 1.1 倍

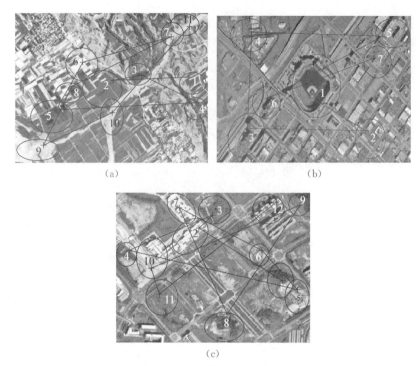

图4-2 图4-1中实时图对应的显著区提取结果

　　由于基于视觉注意计算模型提取的显著区在图像亮度、色彩、方向、SURF特征上具有显著性，可以作为适配区进行景象匹配实验。这里通过灰度互相关匹配方法和 SURF 匹配方法进行验证，两种匹配方法的景象匹配误差曲线如图4-3所示。

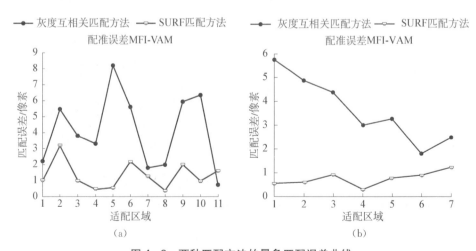

图4-3 两种匹配方法的景象匹配误差曲线

(a) 灰度互相关匹配方法　(b) SURF 匹配方法

观察图 4-3 可知,对基于 MFI-VAM 视觉注意计算模型提取的适配区进行景象匹配实验时,采用灰度互相关匹配方法和 SURF 匹配方法的配准误差均在 10 个像素以内,但 SURF 方法的匹配误差明显小于灰度互相关匹配方法的匹配误差。面向无人机感知与规避,SURF 方法提出了一种多特征融合视觉注意模型,将图像的色彩、亮度和方向特征提取出来,同时引入快速鲁棒 SURF 特征,然后进行多特征整合计算,得到最终显著区。结果证明当图像间有大角度旋转、尺度缩放、剧烈的光照变化等大的差异时,该方法依然可以高效地提取稳定的显著区(目标),保证检测、识别、跟踪和匹配的准确性。

4.2 基于证据推理的异类传感器目标融合检测算法

进行目标检测时,对多种传感器信息进行融合,这种方式能够充分利用各个传感器的优点。近年来国内外研究人员对此做了大量研究。NASA 提出了红外与雷达协同检测跑道障碍物;欧盟的 IMPAST 与 DECLIMS 系统将目标融合检测作为重要的研究方向。国内关于目标融合检测的研究中,贴近工程实用的方法比较少。因此,我们借鉴分层注意机制,结合证据推理理论,实现了对 SAR、红外与可见光图像的目标融合检测。

4.2.1 基于证据推理的图像特征提取

1967 年,Dempster 最先提出了证据推理,并用多值映射得出了概率的上下界,后来 Shafer 在 1976 年将其推广并形成了完整理论,所以其又称为 Dempster-Shafer(D-S)理论。证据推理(D-S 理论)在不确定性的表示、量测和组合方面具有较好表现,除此之外,它可以像贝叶斯推理那样结合先验信息,处理像语言一样的模糊概念证据,因而得到了研究人员的青睐。

定义 1 辨识框架 Θ:某事件或问题所能认识到的所有结果的集合,通常是一个非空的有限集合,R 是辨识框架幂集 2^{Θ} 中的一个集类,表示任何可能的命题集,(Θ, R) 称为命题空间。

定义 2 设 Θ 为辨识框架,R 为辨识框架幂集 2^{Θ} 中的一个集类,A 为 Θ 的子集,m 为 Θ 上的基本置信指派函数,Bel:$R \rightarrow [0, 1]$,且满足:

$$\mathrm{Bel}(A) = \sum \{m(B) \mid B \subseteq A, B \neq \varnothing\}, A \subset \Theta \qquad (4-1)$$

则称 Bel 为辨识框架 Θ 上的置信函数(belief function),任意 $A \subset \Theta$,Bel(A) 称为 A 的置信度。

定理 1 假定辨识框架 Θ 上有性质不同的两个证据 A 和 B,其焦元分别为 A_i 和 $B_j(i=1,2,\cdots,n;j=1,2,\cdots,m)$,其指派函数分别为 m_1 和 m_2,其置信函数分别为 Bel$_1$、Bel$_2$,若 $\sum\{m_1(A)m_2(B)\mid A_i\cap B_j\neq\varnothing\}=0$,其中 A_i,$B_j\subseteq\Theta$,则称 Bel$_1$ 与 Bel$_2$ 不能组合。否则,Bel$_1\oplus$Bel$_2$ 可以用 Dempster 规则组合,其过程如下:

$$m(A)=\frac{1}{K}\sum_{B_i\cap C_j=A}m_1(B_i)m_2(C_j) \tag{4-2}$$

式中,$A\neq\varnothing$,$A\subseteq\Theta$,$m(\varnothing)=0$。

$$K=1-\sum_{B_i\cap C_j=\varnothing}m_1(B_i)m_2(C_j)=1-Q \tag{4-3}$$

$$Q=\sum_{B_i\cap C_j=\varnothing}m_1(B_i)m_2(C_j) \tag{4-4}$$

式中,Q 为矛盾因子,表示证据的冲突程度。

根据上面的组合规则完成证据推理,产生新的基本置信指派函数。使用该规则时,"性质不同"的条件要求两个证据严格条件独立,这限制了证据推理的应用,在实际中可以使用统计独立进行代替。

每一个初步检测的区域都有两个结果:目标与非目标,据此构建辨识空间 $\Theta=\{H_1:目标,H_0:非目标\}$。根据模式识别的知识,模式相似也即特征相似,则定义待鉴别区域的特征值与样本特征值的欧式距离。

$$d=\sqrt{\sum(t_i-\bar{t}_i)^2} \tag{4-5}$$

式中,t_i 为鉴别区域的第 i 个特征值;$\bar{t}_i$ 为样本的第 i 个特征值均值。鉴别区域与目标样本越相近则 d 值越小,两者完全相同时 $d=0$。研究表明,从距离函数 d 到基本置信指派函数的映射,即 $R\to[0,1]$ 映射是一个非线性映射过程。总的趋势如下:待鉴别区域与样本特征值的欧式距离越小,分配给该区域的指派越接近 1,反之则指派接近 0。用指数函数来反映这种非线性映射关系,取指数函数作为置信函数:

$$m_i(H_1) = \exp(-d_i) \tag{4-6}$$

由于同样条件下不同传感器获取图像的质量有所不同,所以处理时对其的信赖程度也加以区别,在式(4-6)的基础上加入置信因子 β,则置信函数形式变为

$$m_i(H_1) = \beta_i \exp(-d_i) \tag{4-7}$$

当对该传感器获取的数据完全不信任时,$\beta = 0$;完全信任时,$\beta = 1$。

若图像清晰,特征能够被完整提取,则认为没有不确定性,$m(\Theta) = 0$;当图像中目标特征模糊,无法提取特征时,认为完全不确定,$m(\Theta) = 1$。将不确定性置信指派构造如下:

$$m_i(\Theta) = (1 - \beta_i)[1 - m_i(H_1)][1 - m_i(H_0)] \tag{4-8}$$

融合时,根据实际情况,制定以下 3 条规则作为分类依据:

(1) 目标的置信指派值必须大于某一个阈值 T_1。

(2) 目标的置信指派值必须大于不确定性指派值,以保证推理的确定性。

(3) 目标的置信指派值与非目标的置信指派值的差值必须大于某一阈值 T_2,以保证不同类别有足够的差异。

按照以上规则对联合置信指派进行决策分析,得到目标分类结果。

由于背景杂波干扰较大,对 SAR 图像中的几何特征(如长度、宽度)进行提取具有较大难度且不够准确,可见光图像中目标与背景的对比度低,而红外图像中目标较为清晰,与背景的对比度大,因此综合考虑后将在 SAR 图像与可见光图像中提取转动惯量特征,在红外图像中提取几何特征。具体算法流程如图 4-4 所示。

4.2.2 目标融合检测算法实验与仿真

为了验证算法的可行性与有效性,在计算机上用 Matlab 软件编程仿真,仿真所用计算机配置如下:CPU 采用 Pentium(R) Dual-Core E5300,主频是 2.60 GHz,内存是 1 G。经过预处理与配准的 3 种传感器图像如图 4-5 所示,大小为 489 像素×171 像素,包含希望检测到的 26 个矩形建筑物目标。

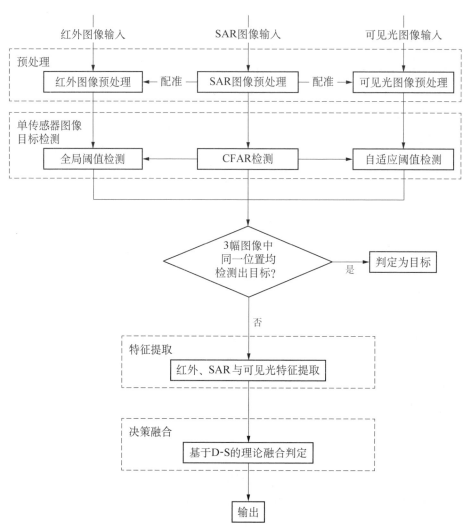

图4-4　算 法 流 程 图

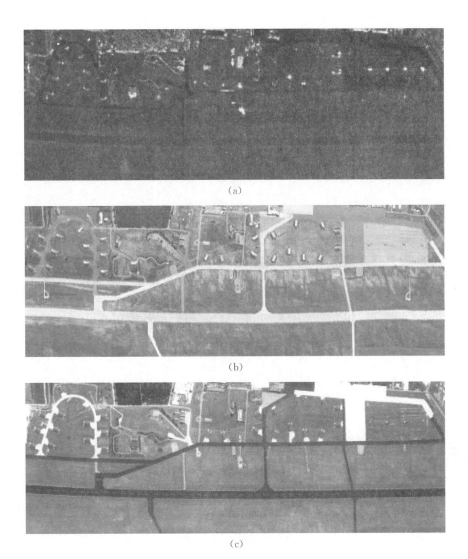

图 4-5　3 种传感器图像

(a) SAR 图像　(b) 红外图像　(c) 可见光图像

　　从图 4-5 可以看到,在 SAR 图像中,目标所处地形复杂,目标和周围很多其他物体均显示为亮斑,导致无法准确检测目标,且有可能发生虚警和漏检情况。在红外图像中,可以较为清晰、直观地观察到目标,但图像中仍然存在与目标形状、亮度近似的物体干扰目标的检测。在可见光图像中,目标与背景的颜色相近甚至更暗,对比度很低,难以通过传统的检测方法获得准确目标。

　　红外与可见光图像上的目标检测在 ROI 内进行可以缩小检测范围,降低计算量。这里选取有代表性的 3 个 ROI 进行说明,不同图像中同一 ROI 区域如图 4-6 所示。

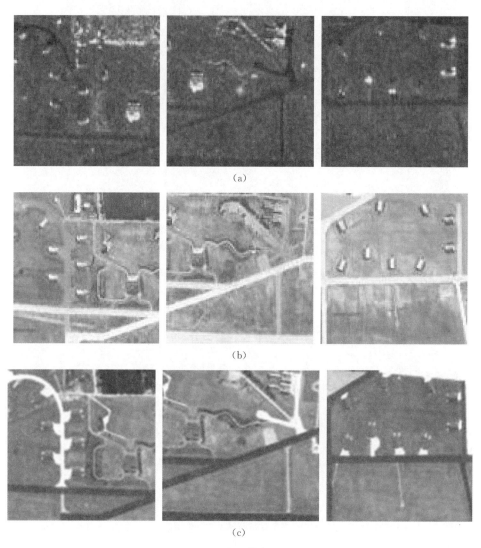

(a)

(b)

(c)

图 4-6　3 种传感器图像中的 ROI

(a) SAR 图像中的 ROI　(b) 红外图像中的 ROI　(c) 可见光图像中的 ROI

图 4-6 左边的 ROI 包含了复杂的背景、目标以及与目标性状类似的很多干扰,将它标记为 ROI1;中间的 ROI 中没有目标,但红外图像中有一个与目标形状、亮度类似的干扰,标记为 ROI2;右边的 ROI 中有道路和目标,没有干扰物体,标记为 ROI3。

对3种传感器图像 ROI 进行目标分割,得到初步检测结果,如图 4-7 所示。

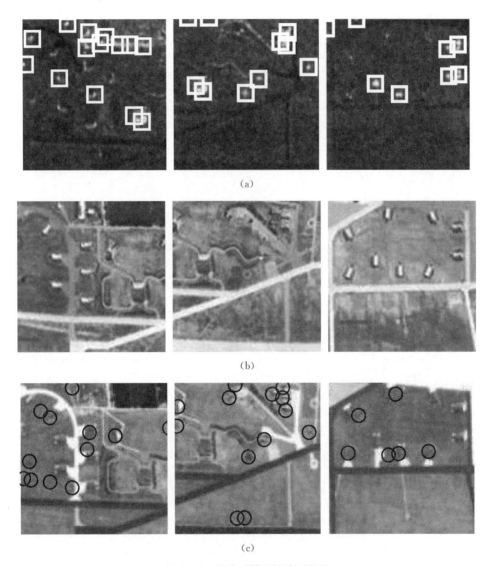

(a)

(b)

(c)

图 4-7　单传感器目标检测结果

(a) SAR 图像目标检测　(b) 红外图像目标检测　(c) 可见光图像目标检测

由图 4-7 可知,对 3 种传感器图像 ROI 进行目标分割后,SAR 与可见光的分割结果包含了大量的虚警成分,并且 3 幅图像的目标分割都出现了漏检现象。

3 种传感器的目标分割产生的虚警与漏检情况如表 4-1～表 4-3 所示。

表 4-1　SAR 图像采用经典 CFAR 检测方法的检测结果

传　感　器	目　标　数　目	虚　警　数　目	漏　检　数　目
ROI1	6	11	4
ROI2	0	10	0
ROI3	9	2	5

表 4-2　红外图像采用全局阈值检测方法的检测结果

传　感　器	目　标　数　目	虚　警　数　目	漏　检　数　目
ROI1	6	4	0
ROI2	0	1	0
ROI3	9	1	1

表 4-3　可见光图像采用自适应阈值检测方法的检测结果

传　感　器	目　标　数　目	虚　警　数　目	漏　检　数　目
ROI1	6	9	3
ROI2	0	13	0
ROI3	9	2	4

由上述 3 个表格可知,使用简单易行的传统方法对单传感器图像进行初步检测得到的检测结果并不精准,容易受干扰影响,发生错检,应通过特征层次的分类鉴别判断图像是否为目标。

融合目标检测结果如图 4-8 所示。为了清晰地观察仿真效果,以红外图像为参考,图中黑色圆形所包含的区域就是最终被鉴别为目标的区域。

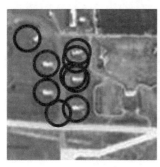

图 4-8　融合目标检测结果

由图 4-8 可知,ROI 中的目标都被检测出来了,由于不同传感器检测到的位置有小幅差距,所以最后的融合结果中同一目标不仅有一个区域,而且仍有虚警的存在,但相对而言虚警数目非常少,达到了减少虚警的目的。融合检测结果如表 4-4 所示。

表 4-4　融合检测结果

传　感　器	目 标 数 目	虚 警 数 目	漏 检 数 目
ROI1	6	1	0
ROI2	0	0	0
ROI3	9	1	0

式(4-9)为 (x, y) 处梯度的方向公式。其中 L 所用的尺度为每个关键点各自所在的尺度。实际计算时,我们在以关键点为中心的邻域窗口内采样,并用直方图统计邻域像素的梯度方向。梯度直方图的范围是 $0°\sim360°$,每 $10°$ 一个柱,共计 36 个柱。直方图峰值代表该关键点处邻域梯度的主方向。图 4-9 所示是采用 7 个柱时使用梯度直方图为关键点确定主方向的示例。

$$\theta(x, y) = \arctan\left[\frac{L(x+1, y) - L(x-1, y)}{L(x, y+1) - L(x, y-1)}\right] \quad (4-9)$$

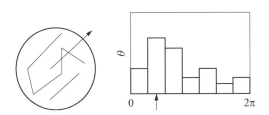

图 4-9　梯度方向直方图确定主梯度方向

在梯度方向直方图中,若存在另一个相当于主峰值 80% 能量的峰值,则认为这个方向是该关键点,具有多个方向(一个主方向以及若干个辅方向),这可以增强匹配的鲁棒性。至此,图像的关键点的主方向就检测完毕了。

1) 确定特征线段的方向

对于目标特征线段的方向,这里采用构成三角形的 3 个关键匹配点的主方向中的最大值作为特征线段的主方向,在图 4-10 中假设 B 点梯度方向为 A、B、C 3 个点中的主方向值最大的方向,那么 BM 箭头所指的方向即为特征线段的主方向,此方向具有很好的鲁棒性和抗几何变换的能力,满足序列成像目标定位系统中定位模型的要求。

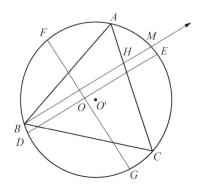

图 4‐10　特征点 A、B、C 及特征线段

2) 确定特征线段的弦长

在相邻的图像帧内,选取符合条件的 3 个点确立一个三角形,如图 4‐10 所示,特征点 A、B、C 确定为匹配点,根据 A、B、C 来确定特征线段,圆 O′ 为三角形 ABC 的外接圆,点 O 为三角形 ABC 的重心。假设 B 点梯度方向为 A、B、C 3 点的 SIFT 特征主方向,则线段 DE 为过重心 O、与主方向平行的弦,FG 为过重心 O、与主方向垂直的弦。

4.2.3　实验结果

利用上述模型和已知的相机坐标,目标的方位角、俯仰角等信息,可以得出距离值。

图 4‐11 给出了一组 8 帧的 1∶2 000 的实测目标序列图像,其中(1)到(8)为图像帧序号,表 4‐5 所示是实测距离与估计距离的相对误差。

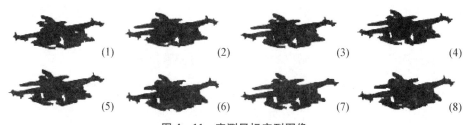

图 4‐11　实测目标序列图像

表 4-5 仿 真 数 据

序号	相机坐标	方位角	俯仰角	线段信息/m	实测距离/m	估计距离/m	相对误差/%
1	$S(0, -3, 0)$	179°35′	275°50.7′	470.075 2	247		
2	$S(0, -6, 0)$	179°40′	275°50.7′	483.551 2	246	240.199 2	2.36
3	$S(0, -9, 0)$	179°40′	275°50.7′	499.211 9	245	239.663 8	2.18
4	$S(0, -12, 0)$	179°40′	275°50.7′	517.878 8	244	237.277 4	2.76
5	$S(0, -15, 0)$	179°55′	275°50.7′	524.403 2	243.5	236.572 9	2.84
6	$S(0, -18, 0)$	179°57′	275°50.7′	532.459 2	242	260.234 9	7.54
7	$S(0, -21, 0)$	179°57′	275°50.7′	538.699 9	241	251.760 7	4.46
8	$S(0, -24, 0)$	180°75′	275°50.7′	545.674 2	242	246.008 0	1.66

由于脉冲激光无法连续测距,采用目标特征线度进行连续图像测距,实验证明相对于面积特征,它受姿态变化与目标遮挡的干扰小,测距精度更高。

4.3 基于形态学滤波与序列图像相关的空中小目标感知算法

目前针对小目标检测算法的研究已经取得了很多成果,但用于处理能力有限的小型无人机机载视觉感知系统的小目标检测算法还有待研究。本书研究的空中小目标检测算法满足计算量小,鲁棒性好,准确率高,实时性好等要求。首先提出一种新的背景抑制方法和候选目标提取算法,基于形态学滤波算法进行图像预处理,消除杂波和噪声干扰,并采用高斯距离函数进行候选目标提取,方便之后稳定准确地在连续图像间获取真实目标。然后分析了连续序列图像中小目标的检测方法,根据目标在视频序列图像间运动轨迹的相关性提出一种小目标检测算法,并对以上提及的算法进行了仿真实验,结果表明该方法能够快速有效地实现空中小目标的检测。

4.3.1 基于形态学与序列图像相关性的目标检测算法研究

1) 背景抑制算法

(1) 视频图像数学模型。

无人机实际飞行过程中采集到的视频图像存在许多非目标和背景等其他噪声,这是由飞行过程中非匀速运动、非直线运动及机械振动等原因造成的。这类

图像通常由目标、背景、噪声 3 部分组成,其数学模型可表示为

$$F(x,y,k)=f_t(x,y,k)+f_b(x,y,k)+f_n(x,y,k) \quad (4-10)$$

式中,$F(x,y,k)$ 表示序列图像中第 k 帧图像的灰度函数,它主要由目标灰度函数 $f_t(x,y,k)$、背景灰度函数 $f_b(x,y,k)$ 和噪声灰度函数 $f_n(x,y,k)$ 组成。

传统的小目标检测的方法包括两大步骤:①对单帧图像进行背景抑制,提取候选目标点;②根据目标像素在图像序列中运动的连续性原则,对候选目标进行判定,剔除虚警干扰,找到真实目标,检测框图如图 4-12 所示。

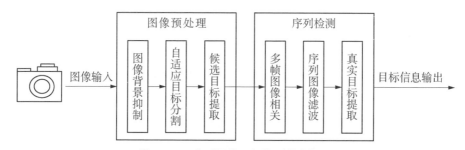

图 4-12　序列图像目标检测基本框图

(2) 基于形态学滤波的图像背景抑制。

图像背景抑制对目标检测具有很大的影响,有效的背景抑制算法可以减少背景杂波的干扰,背景抑制流程如图 4-13 所示。下面介绍一种基于灰度的形态学运算背景抑制算法。

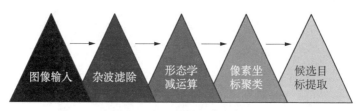

图 4-13　背景抑制流程图

形态学运算是一种通过提取物体拓扑结构信息,利用物体结构间互相作用的某些运算以得到物体更本质状态的非线性滤波运算方法。应用形态学方法可以简化图像数据。

形态学的 4 个基本运算:膨胀(dilation)、腐蚀(erosion)、开启(opening)和闭

合(closing)。由这些算法可以推导和组合各种实用算法。

使用结构元素 $b(u,v)$ 对输入图像 $f(x,y)$ 进行灰度膨胀、腐蚀运算、开启运算和闭合运算,公式定义分别为如下。

a. 膨胀运算。

$$(f \oplus b)(x,y) = \max\{f(x-u,y-v)+b(u,v) \mid (x-u), \quad (4-11)$$
$$(y-v) \in D_f; (u,v) \in D_b\}$$

b. 腐蚀运算。

$$(f \ominus b)(x,y) = \min\{f(x+u,y+v)-b(u,v) \mid (x+u), \quad (4-12)$$
$$(y+v) \in D_f; (u,v) \in D_b\}$$

式中,D_f 和 D_b 分别是 f 和 b 的定义域。

形态学开启运算和闭合运算是使用结构元素 $b(u,v)$ 对图像进行膨胀运算和腐蚀运算的级联。

c. 开启运算。

$$(f \circledcirc b)(x,y) = (f \ominus b) \oplus b \quad (4-13)$$

d. 闭合运算。

$$(f \odot b)(x,y) = (f \oplus b) \ominus b \quad (4-14)$$

形态学开启运算是对图像在结构元素 $b(u,v)$ 作用下得到的腐蚀结果进行膨胀。开启运算能去掉图像中的孤立点和有毛刺的部分,通过选择合适的结构元素,剔除目标和噪声而保留背景。闭合运算则是对图像的膨胀运算结果再进行腐蚀运算,填充物体内的细小空洞,连接邻近物体和平滑物体边界。

目标在每一帧中一般占 10 个像素左右,选择与目标大小和形状相近的结构元素进行闭合运算后,目标会随着边缘、细小毛刺和孤立噪声点消除而消除,而图像进行开启运算后会保留目标的大小和云边缘信息,将两种处理后的图像做差值运算,可以很好地消除背景而只保留目标主要信息和部分云边缘信息。小目标的灰度一般与背景会有一定的差异,当对图像进行开启运算后,图像中亮度较大的目标信息会被消除;当对图像进行闭合运算后,图像背景较暗的部分信息被消除,这样,对中值滤波后的图像进行开启和闭合运算后的结果做减法运算,可以消除图像场景中大量背景及噪声信息,数学模型可表示为如下公式:

$$s(x, y) = [f_{\text{med}} \odot k](x, y) - [f_{\text{med}} \odot k](x, y) \qquad (4-15)$$

式中, $s(x, y)$ 是做减法运算的结果图像; $f_{\text{med}}(x, y)$ 是对源图像进行中值滤波后的图像。

形态学滤波在小目标检测中具有很强的实用性,选择合适的结构元素对利用形态学滤波方法进行背景抑制的检测结果具有重要的意义,结构元素与目标大小的不合适会直接增加误检率,结构元素的类型和大小越接近于检测目标的大小,检测的准确度就越高。

2) 候选目标坐标提取

利用形态学滤波对背景进行抑制,结果目标亮度比周围亮度高,故可以通过设置合适的阈值进行分割,将灰度值大于目标最小灰度值的像素点坐标提取出来,作为目标候选坐标,然后通过坐标位置间的距离进行聚类,将同一个目标的所有坐标点聚类到一起,最后根据统计出的聚类个数确定候选目标的个数。现提出一种改进的目标坐标确定方法,即根据目标的像素点都比较集中这一原理,提出一种依赖像素间距离的方法,确定目标坐标。在获取目标的候选坐标后,更准确地确定真实的目标。

从图像中提取出灰度值最大值 $\max_{k \times k}$,并选取参数 $\delta \in (0, 1)$,对满足如下条件的像素,提取出其坐标点位置信息作为候选目标。

$$s_{k \times k}(x, y) \in \{s(x_1, y_1), s(x_2, y_2), s(x_3, y_3), \cdots,$$
$$s(x_n, y_n)\} \geqslant \delta \times \max_{k \times k}(x, y)$$
$$s(x_i, y_i) \geqslant \delta \times \max_{k \times k}(x, y) \qquad (4-16)$$

式中, k 为选取的结构元素的大小; $s_{k \times k}(x, y)$ 为使用结构元素 k 进行计算的开启与闭合图像中像素的灰度值。当作差后图像中的像素灰度值大于比例参数 δ 与最大值 $\max_{k \times k}$ 的乘积时,将其判为候选目标的像素点被提取出,否则,该像素点被视为背景。 δ 取值会直接对目标检测产生影响,当 δ 的值取大时,满足条件的像素点较少,可能会导致目标的漏检, δ 太小又会引入太多的背景干扰。

根据候选目标来确定目标,我们要知道在源图像中候选像素的位置,计算候选目标中心点之前,根据减法运算结果的灰度信息对图像进行二值化处理,通过运算对二值图像进行坐标标记,将候选像素聚集到一个候选区域。在标记过程中,获得每个候选区域的右边、顶部、底部、左侧的坐标,并使用这 4 个坐标计算出居中坐标。

由于开启操作和闭合操作是从图像的左上部分开始形态学运算操作,得到的图像本身将移动到左侧上部。基于形态学减法运算所得到的图像有一部分构建元素被切,因此,通过计算偏移量确定正确的中心坐标,目标中心坐标计算方程的修正公式如下:

$$x = [(left + k - 2) + (right + k - 2)]/2 \qquad (4-17)$$

$$x = [(top + k - 2) + (bottom + k - 2)]/2 \qquad (4-18)$$

3) 候选目标坐标聚类

经过形态学闭合运算和开启运算相减得到的残差图像,背景已完全消除,从做减法后的结果图像中可以明显发现目标分布和云边缘残差分布的特征,如图 4-14 所示,通常目标的像素分布基本满足高斯分布,而云边缘残差的分布比较无规律,所以目标检测问题可以转换为高斯距离函数并认为目标具有高斯分布属性。

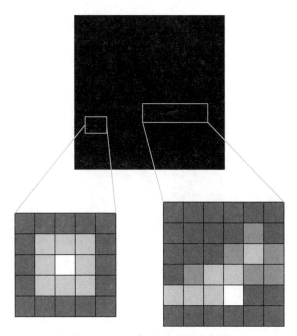

图 4-14 目标和云边缘分布图

高斯距离函数公式为

$$G_d(x, y) = \frac{1}{\sqrt{2\pi\sigma^2}} \exp\left\{-\frac{1}{2\sigma^2}[(x-m)^2 + (y-n)^2]\right\} \qquad (4-19)$$

式中，σ^2 取 1；m 和 n 表示结构元素的中心坐标，现有的高斯距离函数使小目标的像素重要性比它周围的像素重要性高很多。为了降低小目标像素的重要性，同时增加小目标周围像素的重要性，提出了一种改进的高斯距离函数，公式表达如下：

$$I_v G_{k \times k}(x, y) = 1 - \lambda \cdot \exp\left[-\frac{1}{2\sigma^2}(|x - m| + |y - n|)\right] \quad (4-20)$$

式中，σ^2 取 1；m 和 n 表示结构元素的中心坐标；k 为进行形态学减法运算选取的结构元素；λ 为权值，其取值范围为 $[0, 1]$，λ 的取值越大，$I_v G_{k \times k}(x, y)$ 周围像素的值就会越大，用 λ 代替 $\dfrac{1}{\sqrt{2\pi\sigma^2}}$ 来控制高斯距离函数的中心值大小。

图 4-15 使用示意图说明利用改进的高斯距离函数检测小目标的方法。将图像中检测到的目标候选区域与 $I_v G_{k \times k}(x, y)$ 相乘，得到通过高斯距离函数计算的结果区域，应该注意的是 $I_v G_{k \times k}(x, y)$ 中使用的 k 应该与进行形态学减法运算使用的结构元素相同。利用目标区域的方差小于杂波区域的方差可以判断候选目标区域是否为目标。高斯核计算示意如图 4-16 所示。

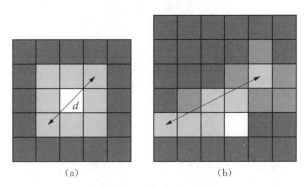

(a)   (b)

图 4-15   像素点分析

(a) 目标像素点特征   (b) 云边缘像素点特征

在确定了单帧图像中的目标个数及目标像素点的具体坐标位置信息后，为了更准确地对视频序列图像中的小目标进行检测，排除干扰，利用序列图像的连续性进行处理。

4.3.2   序列图像相关性检测算法

基于序列图像间相关性的小目标检测方法用于连续图像目标检测的原理是

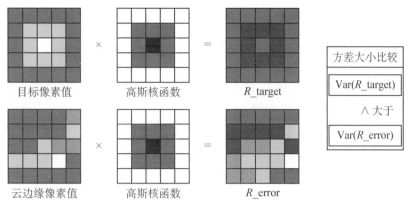

图 4‑16　高斯核计算示意图

利用连续图像中目标运动轨迹的连续性进行检测。经过背景抑制后获得的目标区域可能存在强噪声点或在某帧中目标点丢失的情况,因此需要利用序列图像相关性对单帧图像的检测结果进行再次判定。

序列图像相关检测的步骤主要如下:利用上面的方法得到图像中目标的候选坐标信息,把第一帧图像中分割出的目标区域作为目标模板,目标中心坐标记为 (x, y),以 (x, y) 为中心的窗口设为 $w(x, y)$。根据序列图像连续图像帧之间的相关性,计算在下一帧图像中位于 $w(x, y)$ 处的候选目标与当前一帧图像目标的模板对应性。将相关性计算结果与预先设定好的阈值 k_1 比较,小于阈值 k_1 的说明匹配失败,进行重新检测。目标检测流程如图 4‑17 所示。

如果相关计算结果大于阈值 k_1,取当前图像区域中的 $w(x, y)$ 值作为新的目标模板,继续进行检测,直到匹配出的目标数量在序列图像中达到检测数目设定阈值 k_2,结束目标检测。相关性计算公式如下:

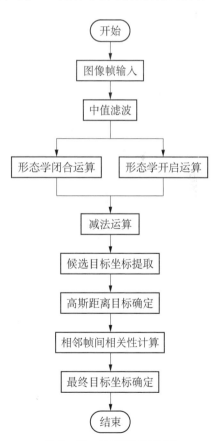

图 4‑17　目标检测流程图

$$\gamma(x,y) = \frac{\sum_{i,j \in N(x,y)} T(i,j) f(x+i,y+j)}{\sqrt{\sum_{i,j \in N(x,y)} T(i,j) \sum_{i,j \in N(x,y)} f^2(x+i,y+j)}} \tag{4-21}$$

式中，$T(\cdot)$ 为目标模板；$f(\cdot)$ 为待匹配图像。

式（4-21）中的相关系数 $\gamma(x,y)$ 是一个比率，通常用小数表示 $0 < \gamma(x,y) \leqslant 1$，相关系数的值越大（越接近 1）相关性越好，相关系数的值满足给定阈值说明匹配成功，当相关系数的值等于 1 的时候表示完全相关。相反，相关系数的值越接近 0，表示相关程度越弱。

4.3.3　实验结果及分析

本实验所使用的序列图像使用 CCD 相机拍摄，序列图像的分辨率为 640 像素 × 720 像素。仿真在计算机 2.7 GHz 处理器上进行。为了验证该算法的效果，在拍摄图像中选取两组视频序列图像进行实验。本书算法与多层结构 NWTH 算法的仿真实验结果比较如图 4-18 和图 4-19 所示。

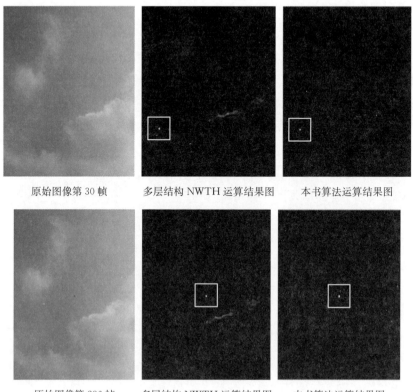

原始图像第 30 帧　　　多层结构 NWTH 运算结果图　　　本书算法运算结果图

原始图像第 286 帧　　　多层结构 NWTH 运算结果图　　　本书算法运算结果图

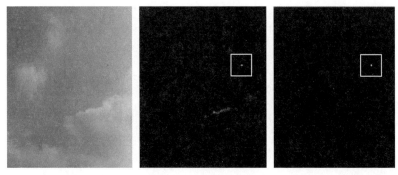

原始图像第 524 帧　　多层结构 NWTH 运算结果图　　本书算法运算结果图

图 4-18　第一组实验图

图 4-18 是天空云层突变起伏剧烈背景下的小目标视频序列图像,采用两组连续采集的 676 帧云天背景下的视频序列图像进行实验,单帧图像的分辨率为 640 像素×720 像素。实验中形态学开闭运算选取 disk3、5,square3、5。这里随机选取了其中的第 30 帧、第 286 帧、第 524 帧的检测结果与多层结构 NWTH 算法的检测结果进行比较。

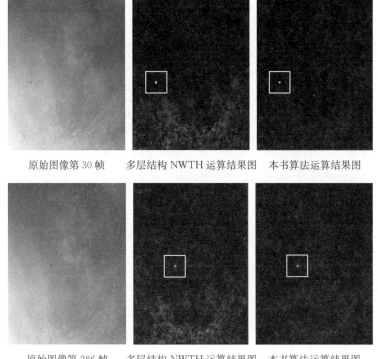

原始图像第 30 帧　　多层结构 NWTH 运算结果图　　本书算法运算结果图

原始图像第 286 帧　　多层结构 NWTH 运算结果图　　本书算法运算结果图

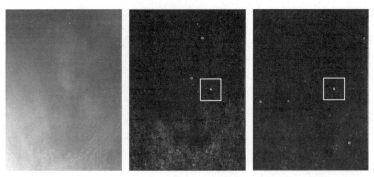

原始图像第 524 帧　　多层结构 NWTH 运算结果图　　本书算法运算结果图

图 4-19　第二组实验图

图 4-19 是天空云层起伏平缓背景下的小目标匀速运动的视频序列图像。该视频序列共有 860 帧。云层背景相对比较均匀，单帧图像的分辨率为 640 像素×720 像素。实验中形态学开闭运算选取 disk3、5，square3、5。

对两种算法的运算结果图进行比较，可以看到多层结构 NWTH 运算方法虽然可以抑制背景，但仍有大量残留的云层边缘干扰，本书的方法根据目标的灰度信息和像素点的距离信息可以准确地排除云的干扰，并结合连续图像中目标运动的相关性准确提取目标。

从表 4-6 中可以看出，本书的方法在处理时间和检测率上均具有优越性。仿真实验结果表明，与多层结构 NWTH 算法相比，本书的方法可以快速有效地实现空中小目标检测任务。

表 4-6　处理时间和检测率比较

项　　目		NWTH	多层结构 NWTH	本书方法
第一组 实验数据	处理时间/s	6.884	23.16	16.384
	检测率/%	67.31	84.66	92.78
第二组 实验数据	处理时间/s	6.480	24.432	16.06
	检测率/%	61.23	71.89	94.51

4.4　复杂动态背景下运动目标检测算法设计

运动目标检测能够获取图像中的运动信息，提取运动人物或目标，简化后续的运动跟踪、识别、分析。运动检测方法主要有帧间差分法、背景差分法和光流法。本系统中,目标本身的特征以及所处的背景随无人机本身的飞行、摄像机的转动而发生变化,难以对目标特征进行检测。帧间差分法和背景差分法对动态场景中的前景运动之外的变化因素十分敏感,不能满足这种情形下的运动检测需求;光流法本身计算量很大且易受噪声、光照等干扰,也不适合本项目。故提出一套适合无人机的动态背景检测运动目标的算法。

4.4.1　运动目标检测方案

从运动的背景中精确检测出前景运动目标的前提是采取某种技术手段对背景运动进行抑制,称为全局运动补偿。去除背景影响后利用差分方法提取目标。首先将动态背景下的运动检测简化为静态场景下的运动目标检测,通过连续两帧图像中对特征点采用匹配跟踪进行全局运动估计,在拟合出背景的变换模型参数后补偿前一帧图像。其次对补偿后的图像进行帧差检测并进行二值化、形态学滤波等处理分割出运动目标区域。算法流程如图 4 - 20 所示。

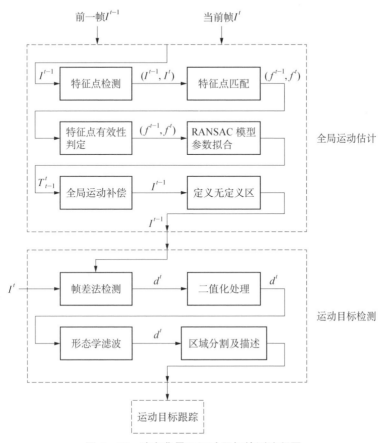

图 4 - 20　动态背景下运动目标检测流程图

4.4.2　全局运动估计

1）基于 KLT 的特征点检测与跟踪

从图像中提取适合匹配的特征点之后才能进行全局运动估计。本书采用 KLT 算法进行特征点检测和跟踪。它采用图像灰度差平方和 SSD（sum of squared differences）作为特征点的相关准则。

（1）特征点检测。

用 $I(x,y,t)$ 表示序列图像的亮度值；I_x、I_y、I_t 分别表示 $I(x,y,t)$ 对 x、y、t 的偏导数。假设 $I(x,y,t)$ 点周围小块图像点的亮度保持常量，得到

$$\frac{\mathrm{d}\boldsymbol{I}}{\mathrm{d}t}=\nabla \boldsymbol{I}^{\mathrm{T}}\boldsymbol{v}+\boldsymbol{I}_t=0 \tag{4-22}$$

其中 $\boldsymbol{v}=\begin{bmatrix}\dfrac{\mathrm{d}x}{\mathrm{d}t} & \dfrac{\mathrm{d}y}{\mathrm{d}t}\end{bmatrix}$ 是跟踪区域中每个图像点的速度。式（4-22）表示保持常量亮度的小块图像点的光流守恒。公式变换为

$$\begin{bmatrix} I_x^1 & I_y^1 \\ \vdots & \vdots \\ I_x^N & I_y^N \end{bmatrix}\boldsymbol{v}=-\begin{bmatrix} I_t^1 \\ \vdots \\ I_t^N \end{bmatrix} \tag{4-23}$$

用矩阵表示为

$$\boldsymbol{A}\boldsymbol{v}=\boldsymbol{b} \tag{4-24}$$

对式（4-24）进行最小平方变形得到

$$\boldsymbol{G}\boldsymbol{v}=\boldsymbol{A}^{\mathrm{T}}\boldsymbol{b} \tag{4-25}$$

式中，

$$\boldsymbol{G}=\boldsymbol{A}^{\mathrm{T}}\boldsymbol{A}=\begin{bmatrix} \sum_{k=1}^{N}(I_x^k)^2 & \sum_{k=1}^{N}I_x^k I_y^k \\ \sum_{k=1}^{N}I_x^k I_y^k & \sum_{k=1}^{N}(I_y^k)^2 \end{bmatrix}=\begin{bmatrix} a & b \\ b & c \end{bmatrix} \tag{4-26}$$

矩阵 $\boldsymbol{G}$ 表示周围相邻图像点的结构信息。计算矩阵 $\boldsymbol{G}$ 的特征值 λ_1 和 λ_2，如果其中的较小者大于预定义的门限值 λ_{TH}，则该点为可选特征点。设摄像机在 $t-1$ 时刻拍得一幅图像 I^{t-1}，将用上述方法选择的像素点作为图像 I^{t-1} 上的特征点集 f^{t-1}。

（2）特征点跟踪。

对提取的特征点集 f^{t-1} 进行跟踪,此过程即为求取特征点 f^{t-1} 在图像的 I^t 像素坐标 f^t。为此,我们假定该特征点的图像坐标表示为

$$f^t = f^{t-1} + d^i \qquad (4-27)$$

式中,d^i 表示特征点的偏移量,对特征点的跟踪可理解为求解偏移量 d^i。定义误差 ε 为

$$\varepsilon = \iint_W \left[I^{t-1}(X+d^i) - I^t(X) \right]^2 \omega \, \mathrm{d}X \qquad (4-28)$$

其中,W 是以计算 d^i 的点坐标为中心的小图像窗口,ω 为加权函数,缺省为 1。将 $I^{t-1}(X+d^i)$ 的一级泰勒展开代入式(4-28),令 ε 的微分为 0,则

$$\boldsymbol{G}d^i = \boldsymbol{e} \qquad (4-29)$$

式(4-29)中,$\boldsymbol{e} \in \mathbb{R}^2$,$\boldsymbol{G} \in \mathbb{R}^{2 \times 2}$ 定义为

$$\boldsymbol{e} = \iint_W \left[I^{t-1}(X) - I^t(X) \right] \boldsymbol{g}\omega \, \mathrm{d}X \qquad (4-30)$$

$$\boldsymbol{G} = \iint_W \boldsymbol{g}\boldsymbol{g}^{\mathrm{T}} \omega \, \mathrm{d}X = \begin{bmatrix} G_{xx} & G_{xy} \\ G_{xy} & G_{yy} \end{bmatrix} \qquad (4-31)$$

$\boldsymbol{g} \in \mathbb{R}^2$ 表示像素点 X 处的图像梯度。d^i 的具体求解过程用金字塔 Lucas—Kanade 光流来求解。图 4-21 演示了 KLT 方法依据金字塔结构进行特征跟踪的过程。

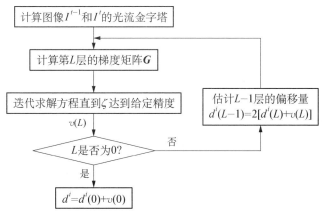

图 4-21　KLT 特征点跟踪

图4-22所示为应用KLT算法检测和跟踪视频帧中的特征点,图4-22(a)所示为原始的户外场景,图4-22(b)显示了t时刻图像中的特征点,图4-22(c)显示了$t+5$时刻图像中原始特征点的对应点,图4-22(d)显示了相应特征点的位移运动向量,即光流。

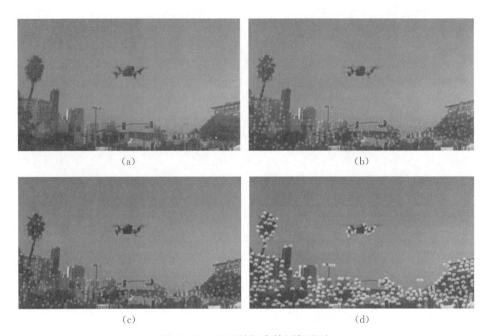

(a)　　　　　　　　　　　　　　　(b)

(c)　　　　　　　　　　　　　　　(d)

图4-22　KLT特征点检测与跟踪

2）特征点有效性判定

KLT特征点的选取难以避免会有前景运动物体的特征点,若前景运动物体特征点参与背景运动的估计,由于前景运动物体与背景之间的相对运动,会影响算法的可靠性。所以本书提出了一种特征点有效性判定规则对KLT特征点进行筛选,在全局运动估计前去除前景运动物体的特征点。

根据背景中各特征点的运动光流基本一致,认为背景运动的运动光流服从正态分布。用μ和σ代表运动向量的期望和方差,落在区间$[\mu-3\sigma,\ \mu+3\sigma]$以外的数据概率非常小。落在区间外的运动光流,认为属于前景运动物体,为无效特征。向量在区间内时,认为是有效特征。

设v_i是某一特征点在连续帧中的运动光流向量,$\|V_i\|$和$\mathrm{Ang}(V_i)$代表向量的模和方向,$\mu_{\|\cdot\|}$,$\sigma_{\|\cdot\|}$和$\mu\mathrm{Ang}$,$\sigma\mathrm{Ang}$分别代表KLT算法选定特征点在连续两帧中光流向量的模和方向的期望、方差,有效性判定法则如下式所示:

$$\begin{cases} f_i \in F_{\text{in}}, & | \; \|\boldsymbol{V}_i\| - \mu_{\|.\|} | < 3\sigma_{\|.\|} \text{ 和 } | \operatorname{Ang}(\boldsymbol{V}_i) - \mu\operatorname{Ang} | < 3\sigma\operatorname{Ang} \\ f_i \in F_{\text{out}}, & \text{其他情况} \end{cases}$$

$$(4-32)$$

图 4-23 展现了特征点有效性判定算法的效果,无效特征点用黑灰圆圈表示,有效特征点用浅灰圆圈表示。建筑和树木是背景中相对静止的物体,空中飞行器是前景运动物体,可以看出,利用此算法能够识别出前景运动的飞行器。

图 4-23 KLT 特征点的有效性判定

3) 全局运动模型估计

(1) 运动模型的选择。

在得到相邻两幅图像 (I^{t-1}, I^t) 中对应的有效特征点集 $F^t < F \leqslant F^{t-1}$ 后,利用这些特征点的像素坐标估计出两幅图像的运动变换。最常用的模型有仿射模型(affine model)、双线性模型(bilinear model)、仿透视模型(pseudo-perspective model)。当连续帧间间隔很短时,大部分的变换可以用六参数仿射模型来表示 I^{t-1} 到 I^t 的图像变换 $\boldsymbol{T}_{t-1}^t$,它能够表示旋转、缩放、平移等变换。

$$\begin{bmatrix} f_x^t \\ f_y^t \end{bmatrix} = \begin{bmatrix} af_x^{t-1} + bf_y^{t-1} + t_1 \\ cf_x^{t-1} + df_y^{t-1} + t_2 \end{bmatrix} \tag{4-33}$$

式中,(f_x^{t-1}, f_y^{t-1}) 表示 I^{t-1} 中的一个特征点位置,(f_x^t, f_y^t) 表示 I^t 中的对应特征点位置。一旦确定了参数 (a, b, c, d, t_1, t_2),就可以用该线性模型近似表示图像变换 $\boldsymbol{T}_{t-1}^t$。

(2) RANSAC 法拟合参数。

与以往的数据拟合方法不同，随机采样一致性随机抽样一致（RANSAC）并非使用所有的数据集拟合模型，因为线性拟合方法极易受到整体数据集中离群点的影响，导致拟合模型与真实模型之间存在较大偏差。本书采用 RANSAC 方法拟合参数，最大限度地抑制了离群点对拟合的干扰，并在一定程度上减小了计算量，增强了背景模型估计的准确性。

4.4.3　帧差法运动检测

为了减少运动背景对全景运动目标检测的影响，通过得到的图像变换矩阵 $\boldsymbol{T}_{t-1}^{t}$ 对图像 I^{t-1} 进行运动补偿。设补偿后的图像为 I_{comp}^{t-1}，则该图像在像素点 (x, y) 处的像素值如下：

$$I_{\mathrm{comp}}^{t-1}(x, y) = I^{t-1}[\boldsymbol{T}_{t-1}^{t}(x, y)] \tag{4-34}$$

在摄像机运动过程中，部分图像信息在旋转和平移补偿后发生丢失，导致稳定后的视频上形成无定义区域，因而需要对这部分信息进行再次定义。差分后的图像定义如下：

$$I_{\mathrm{diff}}(x, y) = \begin{cases} |\ I_{\mathrm{comp}}(x, y) - I^{t}(x, y)\ |, & \text{如果}(x, y)\text{属于定义范围} \\ 0, & \text{如果}(x, y)\text{属于未定义范围} \end{cases} \tag{4-35}$$

图 4 - 24 对动态背景中运动的行人进行检测。图 4 - 24(a) 为 t 时刻图像，图 4 - 24(b) 为 $t + 2$ 时刻图像，图 4 - 24(c) 所示为无全局运动补偿后的帧差，图 4 - 24(d) 为经过全局运动补偿之后的帧差效果图。可以看出，未经过全局运动估计，背景运动将对运动目标的检测产生很大影响。

4.4.4　运动检测后处理

1) 二值化处理

提取目标是通过阈值分割来实现的，简单来说就是按照一定阈值将目标图像从背景中分割出来。阈值图像分割是一种基本的二值化方法，确定一个合适的阈值 T，就可以对图像进行正确分割。

传统二值化方法是设定固定的阈值 T，然后和差分图像素值进行对比，若像素值小于 T 认为是背景像素，否则是目标像素。数学表达式如下：

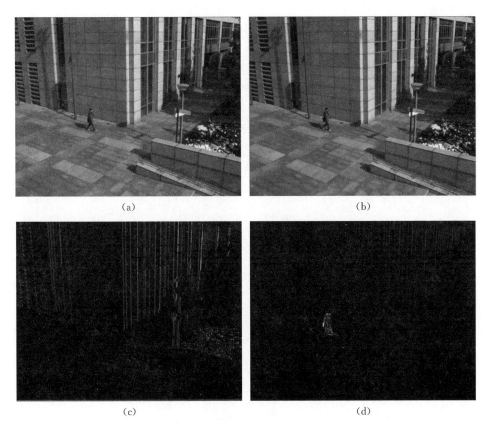

图 4-24 全局运动补偿前后的帧差效果图

$$f_2(x, y) = \begin{cases} 背景, & f(x, y) < T \\ 目标, & f(x, y) > T \end{cases} \qquad (4-36)$$

这种方法在不同环境条件下,阈值不固定,所以此种方法不可取。本书采取最大类间方差阈值法自适应选取分割阈值。最大类间方差阈值法是一种不依赖于物体和背景像素的概率密度分布模型的方法,通过利用直方图的零阶、一阶累积矩来判别函数,选择最佳阈值。

假设一幅图像的灰度级为 L,灰度值为 i,像素个数为 n_i,总的像素数为 N,每一个灰度值出现的概率为 P_i,则有

$$N = \sum_{i=1}^{L} n_i, \ P_i = \frac{n_i}{N} \sum_{i=0}^{L-1} P_i = 1 \qquad (4-37)$$

选择阈值 T,将图像划分为两类,$C_0 = \{0, 1, 2, \cdots, T\}$;$C_1 = \{T+1, T+2, \cdots, L-1\}$。$C_0$ 和 C_1 类出现的概率分别为

$$p_0(T) = \sum_{i=0}^{T} p_i , \quad P_1(T) = \sum_{i=T+1}^{L-1} P_i \qquad (4-38)$$

这两类像素的平均灰度值分别为

$$\mu_0(T) = \frac{\sum_{i=0}^{T} iP_i}{P_0(T)} , \quad \mu_1(T) = \frac{\sum_{i=T+1}^{L-1} ip_i}{P_1(T)} \qquad (4-39)$$

整幅图像的平均灰度值为

$$\mu(T) = \frac{\sum_{i=0}^{L-1} ip_i}{\sum_{i=0}^{L-1} p_i} \qquad (4-40)$$

C_0 和 C_1 类的方差分别为

$$\sigma_0(T)^2 = \sum_{i=0}^{T} \frac{(i-\mu_0)^2 p_i}{p_0} \qquad (4-41)$$

$$\sigma_1(T)^2 = \sum_{i=T+1}^{L-1} \frac{(i-\mu_1)^2 p_i}{p_1} \qquad (4-42)$$

总方差为

$$\sigma(T)^2 = \sum_{i=0}^{L-1} (i-\mu_T)^2 p_i = \sigma_W^2 + \sigma_B^2 \qquad (4-43)$$

其中类内方差 σ_W^2 和类间方差 σ_B^2 分别为

$$\sigma_W(T)^2 = p_0(T)\sigma_0^2(T) + p_1(T)\sigma_1^2(T) \qquad (4-44)$$

$$\sigma_B(T)^2 = p_0(T)[\mu_0(T)-\mu_T]^2 + p_1(T)[\mu_1(T)-\mu_T]^2 \qquad (4-45)$$

以类间方差作为衡量不同阈值导出的类别分离性能的测量准则,从直方图的左端依次计算每个灰度值导出的类别的类间方差 $\sigma_B^2(T)$,自动确定类间方差 $\sigma_B^2(T)$ 最大的阈值,最佳阈值为

$$t^* = \arg \max_{0 \leqslant T \leqslant L-1} \sigma_B^2(T) \qquad (4-46)$$

2) 形态学滤波

相邻两帧间的光照变化、背景微变都会引发噪声点。如图 4-25 所示,为了克服噪声孤立点对目标分割的影响,采用形态学滤波的腐蚀膨胀方法将其去除。

应用形态学能够简化图像数据,保持其基本形状,并除去不相关的结构。基

图 4 - 25 未经形态学滤波的二值化图

本思想是用某种形状的结构性元素去度量图像中的对应形状,从而对图像进行分析和处理。设 $\boldsymbol{A}$ 为待处理图像,$\boldsymbol{B}$ 为腐蚀矩阵,采用 3×3 或 5×5 窗口,$\boldsymbol{A}$ 被 $\boldsymbol{B}$ 膨胀定义为

$$\boldsymbol{A} \oplus \boldsymbol{B} = \{x \mid (\hat{\boldsymbol{B}})_x \bigcap \boldsymbol{A} \neq \varnothing\} \tag{4 - 47}$$

膨胀操作能够连接二值图像中的裂缝。$\boldsymbol{B}$ 对 $\boldsymbol{A}$ 进行腐蚀定义为

$$\boldsymbol{A} \odot \boldsymbol{B} = \{x \mid (\boldsymbol{B})_x \subseteq \boldsymbol{A}\} \tag{4 - 48}$$

腐蚀能够消除二值图像中不相关的细节,保留连续的较大区域。

对帧差二值化图像分别进行腐蚀和膨胀,效果如图 4 - 26 所示。

图 4 - 26 腐蚀和膨胀效果图

对二值化图像先腐蚀再膨胀,效果如图 4 - 27 所示。

图 4‑27　形态滤波后的二值化图像

从图 4‑27 可以看出,通过先腐蚀再膨胀的操作,运动的行人能够被很好地凸显出来。

3）区域分割及目标描述

本书使用 OpenCV 中的 cvFindContours 对形态学处理后的前景轮廓进行检测,通过 cvDrawContours 填充轮廓,最终检测出连通区域,并用矩形框描述目标区域。从运动场景中检测出运动行人的效果如图 4‑28 所示。

图 4‑28　运动目标检测效果

4.4.5 改进的空中目标特征点检测算法

本书运动目标检测流程:通过无人机携带的光电平台摄像机获得目标及环境的视觉信息,形成一帧帧的图像并进行分析,以检测无人机周围的运动目标,最后利用图像处理技术对运动目标进行分割。由于无人机飞行与摄像机的转动,视野随之发生改变,导致目标特征与背景不断变化,因此对于帧差法运动检测、图像阈值化以及形态学滤波后的图形,本书研究了改进的空中目标特征点检测算法。

1)特征点检测算法

对图像特征点的检测,本书采用 SURF 算法。加速稳健特征(speeded up robust features, SURF)算法是 Herbert Bay 在 SIFT 算法基础上的改进,采用了二维 Harr 小波响应和图像积分,无论在速度还是精度上都赶超 SIFT 算法。

(1)积分图像。

积分图 $L_{\Sigma}(x)$ 在位置 $\boldsymbol{x} = [xy]^{\mathrm{T}}$ 处的定义为

$$I_{\Sigma}(x) = \sum_{i=0}^{i \leqslant x} \sum_{j=0}^{i \leqslant y} I(i, j) \tag{4-49}$$

计算出 $I_{\Sigma}(x)$ 后,只要进行 3 次加减运算(见图 4-29)即可求出 Σ 的值,提高了运算速度。

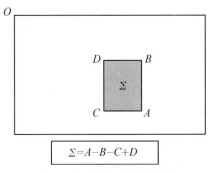

图 4-29　积分图像运算图

(2)Hessian 矩阵。

Hessian 矩阵用来检测兴趣点,定义如下:给定图像 I 中的一点 $x = (x, y)$,Hessian 矩阵 $\boldsymbol{H}(x, \sigma)$ 在 x 处尺度为 σ 的定义为

$$\boldsymbol{H}(x,\sigma)=\begin{bmatrix} L_{xx}(x,\sigma) & L_{xy}(x,\sigma) \\ L_{xy}(x,\sigma) & L_{yy}(x,\sigma) \end{bmatrix} \qquad (4-50)$$

其中 $L_{xx}(x,\sigma)$ 表示高斯二阶偏导数 $\dfrac{\partial^2}{\partial x^2}$ 在 x 处与图像 I 的卷积。

如图 4-30 所示,离散化的高斯函数会产生信号重叠现象,所以 Bay 等人提出用盒子滤波器代替二阶高斯滤波。采用盒子滤波器得到的近似 L_{xx}、L_{xy}、L_{yy},如图 4-30 和图 4-31 所示,用 D_{xx}、D_{xy}、D_{yy} 表示,Hessian 矩阵行列式的近似计算为

$$\det(\boldsymbol{H}_{\mathrm{approx}})=D_{xx}D_{yy}-(\omega D_{xy})^2 \qquad (4-51)$$

参数 ω 可调节,与尺度 σ 有关。当 σ 为 1.2 时,ω 约为 0.9。

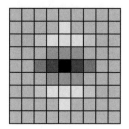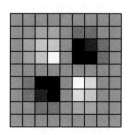

图 4-30　$L_{xx}(x,\sigma)$ 计算时采用的模板显示图

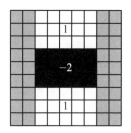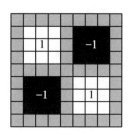

图 4-31　盒子滤波器(左:L_{yy},右:L_{xy})的表示图

(3) 尺度空间与兴趣点。

SURF 算法用不同尺寸的盒子滤波器处理图像,由于使用积分图像,不同尺寸的盒子滤波器的计算速度相同。用 S 表示近似模板的尺度,则 $S=\sigma$。 图 4-32 所示的 9×9 格的近似模板是初始尺度对应的模板,对原始图像做卷积得到尺度空间第一层,模板尺寸逐渐增大,原始图像做卷积得到尺度空间其他层。

由于兴趣点的数量在尺度方向退化很快,所以一般选取 4 个模板为一阶。

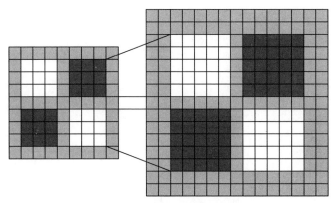

图 4‑32 卷积获得其他图层的表示图

如用不同尺度的模板对原始图像做卷积,计算各点在不同尺度的响应,由此组成三维的尺度空间。尺度空间的第一阶采用模板的尺寸是 9×9 格,接下来模板尺寸分别是 15×15 格、21×21 格、27×27 格。在三维尺度空间中,对每个点在 3×3×3 格的邻域内进行非极大值抑制,比邻域 26 个点都大的点选为兴趣点,得到兴趣点的位置与尺度。

(4) SURF 描述算子的方向与计算。

a. 方向分配。

首先在以兴趣点为中心,以 6S 为半径的圆形邻域内计算在 x 和 y 方向上的 Haar 小波响应(边长取 4S),S 为兴趣点处的尺度;再以兴趣点为中心进行高斯加权,得到的兴趣点描述为(x,y);再采用大小为 $\pi/3$ 的滑动窗口,计算窗口内水平与垂直方向的响应总和,得到局部方向向量;将最长的向量作为兴趣点的描述向量。

b. 基于 Haar 小波响应的描述算子。

计算步骤:首先以兴趣点为中心,构造一个带方向(方向为前面估计方向)的方框,方框大小设为 20S;将该方框划分为 4×4 格的子区域,对于每一个子区域(5S×5S),分别计算$\sum dx$、$\sum |dx|$、$\sum dy$、$\sum |dy|$。dx、dy 为相对于主方向的水平与垂直方向的 Haar 小波响应;连接 16 个向量,得到一个长度为 64 的特征向量,可以描述大块区域;将其归一化,得到的特征向量具有尺度不变性。

对无人机拍摄到的图片进行 SIFT 特征点检测,实验结果如图 4‑33 所示。

对无人机拍摄到的图片进行 SURF 特征点检测,实验结果如图 4‑34 所示。

图 4‑33　SIFT 特征点检测效果图　　　　图 4‑34　SURF 特征点检测效果图

可以看出，SIFT 算法特征点计算量大于 SURF 算法，对每一帧图像的处理时间也远大于 SURF 算法，不适用于本系统的实时性需求。采用本书提出的帧差法，对处理后的图像检测特征点的运动目标进行检测，检测结果如图 4‑35 和图 4‑36 所示。

图 4‑35 显示飞机距离目标较远时检测到的特征点，图 4‑36 显示飞机靠近目标时检测到的特征点。可以看出，目标距离我方飞机越近，显示的图像越大，特征点越多。

图 4‑35　目标较远时的检测效果　　　　图 4‑36　目标较近时的检测效果

2）仿真结果分析

最后的运动目标检测结果如图 4‑37 所示。

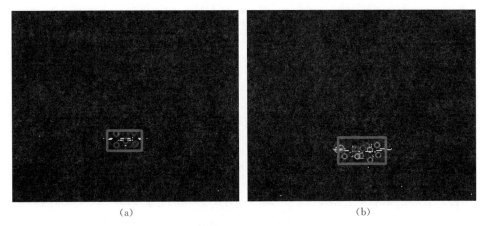

(a)   (b)

图 4 - 37 实时检测结果图

由图 4 - 37 可以看出,目标由远及近靠近飞机,目标变大的同时,检测出的特征点也随之增多,随着目标的特征变化,框出目标的方框大小也随之改变。检测效果有效可靠。

4.5 运动目标跟踪算法设计

对于数据量庞大的运动图像,单纯依靠运动检测来实现对目标长时间的锁定是不切实际的。广泛采用的思路如下:在跟踪处理应用的开始或者处理过程中的某些特定时段进行运动目标检测,提取出运动目标的特征属性信息,建立目标模型,在后续帧中采用相似性匹配方法进行目标跟踪。

本书介绍 3 种跟踪方法:基于特征跟踪的 Mean Shift 方法,SURF 特征点匹配和 RANSAC 算法,以及基于先验预估的 Kalman 跟踪方法,最后引出适合无人机运动目标跟踪的,融合两者优点的新跟踪方法。

4.5.1 Mean Shift 跟踪

Mean Shift 算法是一种基于核函数的可以进行局部自动搜索的有效跟踪算法,用于目标跟踪的优点如下:算法实时性较好;参数单一,能够作为一个功能模块与其他算法集成;采用归一化核函数直方图建模,对边缘遮挡、目标形变以及背景变化不敏感。

Mean Shift 算法本质上是一种基于特征的跟踪算法。该类算法的步骤通常包括如下几方面:首先在初始帧中建立目标特征,其次在后续帧中提取目标候选特征,最后通过相似性函数判断当前帧中候选区域是否为真实目标。

1) 目标模型的描述

目标区域的中心为 x_0,假设其中有 n 个像素用 $\{x_i\}_{i=1,\cdots,n}$ 表示,特征值的个数为 m 个,则目标模型的特征值 $u=1,\cdots,m$ 估计的概率密度为

$$\hat{q}_u = C \sum_{i=1}^{n} k\left(\left\|\frac{x_0-x_i}{h}\right\|^2\right) \delta[b(x_i)-u] \qquad (4-52)$$

式中,$k(x)$ 为核函数的轮廓函数,函数 $k(x)$ 中 $\left\|\dfrac{x_0-x_i}{h}\right\|$ 的作用是消除不同大小目标计算时的影响。$\delta[b(x_i)-u]$ 的作用是判断目标区域中像素 x_i 的颜色值是否属于第 u 个特征值,属于则值为 1,否则为 0。 C 是一个标准化的常量系数,使得 $\sum\limits_{u=1}^{m} q_u = 1$,所以

$$C = \frac{1}{\sum\limits_{i=1}^{n} k\left(\left\|\dfrac{x_0-x_i}{h}\right\|^2\right)} \qquad (4-53)$$

2) 候选模型的描述

候选区域是指运动目标在第二帧及以后的每帧中可能包含目标的区域,其中心坐标为 y。该区域中的像素用 $\{x_i\}_{i=1,\cdots,n_h}$ 表示,对于候选区域的描述称为目标候选模型,候选模型的特征值 $u=1,\cdots,m$ 的概率密度为

$$\hat{p}_u(y) = C_h \sum_{i=1}^{n_h} k\left(\left\|\frac{y-x_i}{h}\right\|^2\right) \delta[b(x_i)-u] \qquad (4-54)$$

式中,$C_h = \dfrac{1}{\sum\limits_{i=1}^{n_k} k\left(\left\|\dfrac{y-x_i}{h}\right\|^2\right)}$ 是标准化的常量系数。

3) 相似性函数

相似性函数描述目标模型和候选之间的相似程度,理想情况下两个模型的概率分布是完全一样的。Mean Shift 采用 Bhattacharyya 系数作为相似性函数,定义为

$$\hat{\rho}(y) = \rho[\hat{p}(y),\hat{q}] = \sum_{u=1}^{m} \sqrt{\hat{p}_u(y)\hat{q}_u} \qquad (4-55)$$

其值在 0~1 之间,$\hat{\rho}(y)$ 的值越大,表示两个模型越相似。

4) 目标位置求解

为使 $\hat{\rho}(y)$ 最大,将当前帧的目标中心先定位为前一帧中目标中心的位置

y_0，从这一点开始寻找，对式(4-55)在 y_0 点进行泰勒展开，得

$$\rho[\hat{p}(y),\hat{q}] \approx \frac{1}{2}\sum_{u=1}^{m}\sqrt{\hat{p}_u(y_0)\hat{q}_u} + \frac{1}{2}\sum_{u=1}^{m}\hat{p}_u(y)\sqrt{\frac{\hat{q}_u}{\hat{p}_u(y_0)}} \quad (4-56)$$

将式(4-54)代入式(4-56)，得

$$\rho[\hat{p}(y),\hat{q}] \approx \frac{1}{2}\sum_{u=1}^{m}\sqrt{\hat{p}_u(\hat{y}_0)\hat{q}_u} + \frac{C_h}{2}\sum_{i=1}^{n_h}\omega_i k\left(\left\|\frac{y-x_i}{h}\right\|^2\right) \quad (4-57)$$

式中，$\omega_i = \sum_{u=1}^{m}\sqrt{\frac{\hat{q}_u}{\hat{p}_u(y_0)}}\delta[b(x_i)-u]$。

要使 $\hat{\rho}(y)$ 最大，即要使式(4-57)第二项最大化，用 Mean Shift 算法迭代找到第二项最大时的 $\hat{y}_1$。

$$\hat{y}_1 = \frac{\sum_{i=1}^{n_k}x_i\omega_i g\left(\left\|\frac{y_0-x_i}{h}\right\|^2\right)}{\sum_{i=1}^{n_k}\omega_i g\left(\left\|\frac{y_0-x_i}{h}\right\|^2\right)} \quad (4-58)$$

式中，$g(x)=-k'(x)$。给定一个初始点 $\hat{y}_0$，容许误差 ε。具体步骤如下：第一步计算 $\hat{p}_u(\hat{y}_0)$。第二步计算 $\hat{y}_1$。第三步判断 $|\hat{y}_1-\hat{y}_0|<\varepsilon$，若成立，则迭代结束；若不成立，则更新 $\hat{y}_0 \leftarrow \hat{y}_1$，返回执行第一步。

4.5.2 SURF 算法和 RANSAC 算法

1）SURF 特征点匹配

特征点匹配是指找出两幅图像中相应位置的特征点，通过特征点匹配（见图4-38），能够判定两幅图像的关系。

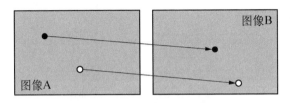

图4-38 特征点匹配示意图

欧氏距离通常用来衡量特征点之间的相似性。设参考图像和待配准图像的特征点分别为 p 和 q，特征描述算子分别为 D_p 和 D_q，则欧氏距离定义为

$$dis = \sqrt{\sum_{i=1}^{H}\left[D_p(i) - D_q(i)\right]^2} \qquad (4-59)$$

式中，H 为特征向量的维数，dis 为两个特征向量之间的欧氏距离。计算特征点之间的距离，选取适宜距离条件下较好的匹配。

2）RANSAC 算法

选出较好的特征点匹配后，通过求解两幅图片的特征点间的变换关系，定位待配准图像中参考图像的位置。但变换参数的求解要求没有误配，本书采用 RANSAC 法剔除误匹配点，并对图像间的变换关系进行求解。

RANSAC 算法利用随机采样的一致性来剔除误匹配点。过程如下：随机选取几组最小点集进行参数估计；判断内点与外点，记录每次得到的内点数量。如图 4-39 所示，根据点到直线的距离判断内外点，图 4-39(c)中有 7 个内点，图 4-39(d)中有 3 个内点；找出内点数最多的估计作为最后的参数估计，即图 4-39(c)中的估计结果。如果我们利用 8 个点拟合出一条直线，图 4-39(a)表示点的集合，图 4-39(b)表示剔除了一个错误点，称它为外点，其他 7 个正确的点称为内点，用内点拟合一条直线。

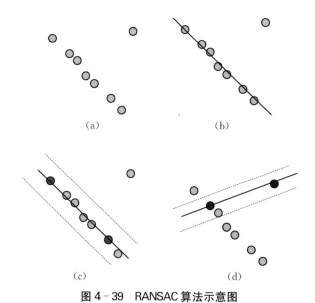

图 4-39   RANSAC 算法示意图

3）SURF 算法和 RANSAC 算法的目标跟踪仿真结果

图 4-40 所示是目标图像与背景图像进行特征点匹配并剔除误匹配点的结果。

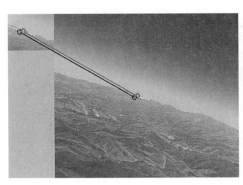

图 4‑40 实时特征点匹配效果图

图 4‑41 所示为实时计算目标图像与背景图像的映射关系,得到目标在背景图像中的位置并用方框标出。

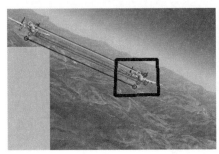

图 4‑41 SURF 匹配跟踪成功效果图

可以看到,利用 SURF 特征点匹配,可实现在背景图像中跟踪目标并实时调整检测到的目标大小与形状。但在实验的过程中,仍然会有不能快速计算目标位置或是计算有误,导致跟踪不连续的情况,如图 4‑42 所示。

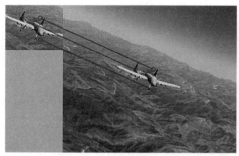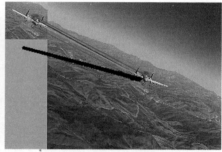

图 4-42   跟踪失误效果图

4.5.3   卡尔曼运动跟踪

只要知道上一时刻状态的估计值以及当前状态的观测值,根据卡尔曼(Kalman)滤波就可以计算出当前状态的估计值,Kalman 滤波是在协方差估计误差最小意义上的最优递归算法。

对于运动目标跟踪问题,$\{X_k\}_{k=0,1\cdots} = \{x_k, y_k, v_{xk}, v_{yk}\}$,以目标位置和速度作为运动状态,卡尔曼滤波的状态方程可以定义为

$$\boldsymbol{X}_k = \boldsymbol{F}\boldsymbol{X}_{k-1} + \boldsymbol{w}_k \qquad (4-60)$$

相应的观测值为目标的位置 $\{Z_k\}_{k=1\cdots} = \{x_k, y_k\}$,观测方程为

$$\boldsymbol{Z}_k = \boldsymbol{H}\boldsymbol{X}_k + \boldsymbol{v}_k \qquad (4-61)$$

式中,$\boldsymbol{F}$ 和 $\boldsymbol{H}$ 分别为系统矩阵和观测矩阵,$\boldsymbol{w}_k$ 和 $\boldsymbol{v}_k$ 均为零均值的正态白噪声序列。

利用 Kalman 滤波预测状态,对应的协方差矩阵为 $\boldsymbol{Q}$ 和 $\boldsymbol{R}$,滤波误差协方差矩阵为 $\boldsymbol{P}$,更新算法如下。

目标运动状态模型为

状态方程:$\boldsymbol{X}_k = \boldsymbol{F}\boldsymbol{X}_{k-1} + \boldsymbol{w}_k$。

观测方程:$\boldsymbol{Z}_k = \boldsymbol{H}\boldsymbol{X}_k + \boldsymbol{v}_k$。

给出初始值:$\hat{\boldsymbol{X}}_0$ 和 $\hat{\boldsymbol{P}}_0$。

更新公式:预测方程组

$$\hat{\boldsymbol{X}}_{k+1}^- = \boldsymbol{F}\hat{\boldsymbol{X}}_k$$

$$\boldsymbol{P}_{k+1}^- = \boldsymbol{F}\boldsymbol{P}_k^+ \boldsymbol{F}^{\mathrm{T}} + \boldsymbol{Q}_k$$

更新公式:校正方程组

$$\boldsymbol{K}_{k+1} = \boldsymbol{P}_{k+1}^- \boldsymbol{H}^{\mathrm{T}} [\boldsymbol{H}\boldsymbol{P}_{k+1}^- \boldsymbol{H}^{\mathrm{T}} + \boldsymbol{R}]^{-1}$$

$$\hat{\boldsymbol{X}}_{k+1}^+ = \hat{\boldsymbol{X}}_{k+1}^- + \boldsymbol{K}_{k+1}(\boldsymbol{Z}_k - \boldsymbol{H}\hat{\boldsymbol{X}}_{k+1}^-) \qquad \boldsymbol{P}_{k+1}^+ = (\boldsymbol{I} - \boldsymbol{K}_{k+1}\boldsymbol{H})\boldsymbol{P}_{k+1}^-$$

Kalman 滤波通过迭代的预测、修正能够较精确地预测出目标位置和匹配范围。Kalman 滤波跟踪适用于规律运动的目标跟踪,主要针对时间序列处理,

方法可扩展性强,但鲁棒性还有待加强。

4.5.4　融合 Mean Shift 搜索和卡尔曼预测的新跟踪方法

由于无人机跟踪的运动目标运动不规律,故 Kalman 搜索方法不适用。此外由于无人机本身的飞行以及被跟踪目标的自身运动,使图像中呈现出来的目标运动速度为两者运动向量的叠加,可能速度较快,单一的 Mean Shift 搜索不能满足跟踪要求。因此本书采用一种融合 Mean Shift 搜索与 Kalman 预测的跟踪算法。先由 Kalman 预测下一时刻目标最有可能出现的位置,用 Mean Shift 搜索在以该预测位置为中心的窗口范围内进行搜索,增强跟踪的快速性能,同时将搜索结果作为观测值传递给 Kalman 预测,以预测下一时刻的位置。在 Mean Shift 算法中,比较弱的特征描述如颜色直方图会引起误跟踪,所以必须先对观测值做一个判定,令 Kalman 预测值为 $(\hat{x}_k, \hat{y}_k)$,Mean Shift 搜索值为 $(\tilde{x}_k, \tilde{y}_k)$,判定 $e(k) = \sqrt{(x_k - \hat{x}_k)^2 + (y_k - \hat{y}_k)^2}$。一般预测值和观测值接近,$e_k$ 较小。如果 e_k 较大,则认为 Mean Shift 搜索失效,此时利用以前的预测值作为观测值估算下一时刻的起始点 $(\hat{x}_k, \hat{y}_k)$。融合 Kalman 预测和 Mean Shift 搜索的运动目标跟踪新方法的流程如图 4-43 所示。

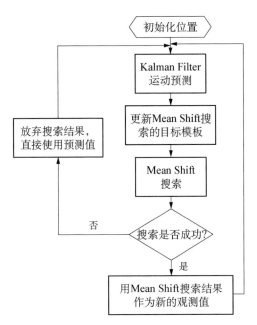

图 4-43　融合 Kalman 预测和 Mean Shift 搜索
的运动目标跟踪流程

融合 Kalman 预测和 Mean Shift 搜索能够增强跟踪的快速性以及跟踪的鲁棒性。

4.5.5　基于 Mean Shift 和卡尔曼跟踪方法的仿真结果分析

1）跟踪结果及分析案例一

足球的运动规律与无人机机载视频中运动目标的运动规律相似，我们运用足球视频来验证融合算法的性能。用 Mean Shift 算法跟踪足球，开始能很好地跟踪，随后跟踪失败，如图 4‐44 所示。图 4‐45 所示是用融合算法跟踪足球比赛中的足球。无论是运球时相对较慢的运动、被远射还是在双方队员争抢之间被遮挡，都能够很好地对足球进行跟踪。

图 4‐44　Mean Shift 算法跟踪足球

2）跟踪结果及分析案例二

用一段有 200 帧 412 像素×288 像素的黑色小车视频检测跟踪算法。首先用 Mean Shift 跟踪算法，如图 4‐46 所示，开始能够稳定跟踪，但由于汽车影子与本身颜色接近，所以在之后的迭代过程中跟踪出现偏移（见帧 37），导致错误跟踪。

图 4‐47 是融合跟踪算法测试结果，从左到右分别为帧 1、帧 39、帧 97。当出现被跟踪物体部分被遮挡（帧 39），相似物体干扰（帧 97）的情况，该方法都能够稳定快速地跟踪。

图 4‑45　融合跟踪算法跟踪足球

图 4‑46　Mean Shift 误跟踪效果(从左到右帧 1、帧 39)

图4-47　融合 Kalman 预测和 Mean Shift 搜索的跟踪效果

　　根据上述视频,可以看到邻域内相似物体的出现及遮挡都会增加跟踪的不确定性。图4-48将用 Mean Shift 算法搜索出的候选目标位置(虚线表示)与 Kalman 预测出的位置(实线表示)的 x, y 值进行了比较,大部分时候 Mean

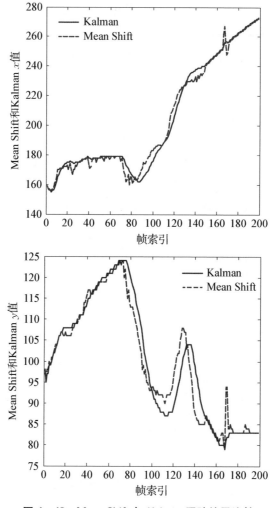

图4-48　Mean Shift 与 Kalman 跟踪结果比较

Shift 搜索值与 Kalman 预测值接近。在帧 72 到帧 149 之间,由于阴影的存在,搜索值与预估值之间存在差异。Mean Shift 算法在帧 169 到帧 174 之间出现尖峰值,对应到视频中发现存在遮挡。总体来说,Mean Shift 与 Kalman 相互融合,使得系统在遮挡、光照影响等干扰影响下仍能够实现鲁棒跟踪。

无人机目标跟踪系统不仅要求算法的准确性高,同时对算法的时间复杂度也有较高要求。Kalman 预测的引入使得 Mean Shift 搜索在极有可能出现运动目标的附近运动区域内减少了迭代的次数,从而降低了跟踪算法计算所用的时间。为了方便比较,我们用图片为 512 像素×288 像素的几组视频进行比较实验,结果如表 4-7 所示。

表 4-7 跟踪算法时间比较

跟踪算法	平均耗费时间/ms
Mean Shift 算法	31
Mean Shift+Kalman 算法	26

4.6 基于 IMM_UKF 的障碍运动状态估计算法

本算法结合了传感器信息、自身状态信息,对障碍目标位置、速度、加速度等状态量进行滤波和预测,方便后续碰撞检测与规避决策,实现估计障碍目标运动状态的功能。运动目标模型和滤波算法是目标跟踪的两个重要因素。通常希望运动目标模型既能表征目标机动运动规律,又能表征目标非机动运动规律。比较常用的模型有 CV(匀速)模型、CA(匀加速)模型、协调 CT(转弯)模型、Singer 模型、当前统计模型等。每种模型对应不同的目标运动特性。其中当前统计模型能够较好地对机动目标进行跟踪,但对弱机动目标和非机动目标的跟踪效果并不理想。

本书提出了基于当前统计模型和 CV 模型的 IMM_UKF 算法。首先以当前统计模型自适应滤波算法为基础,针对非线性观测模型,给出基于当前统计模型的无色卡尔曼滤波算法。最后将当前统计模型与 CV 模型进行交互,以解决当前统计模型对弱机动和非机动目标跟踪不理想的问题。

4.6.1 基于当前统计模型的无色卡尔曼滤波(UKF)自适应算法

无人机高度与目标高度信息通过传感器获得,但由于传感器观测模型为测向非线性模型,故在卡尔曼滤波预测观测值的部分做 UT 变换,并结合当前统计模型自适应算法得到当前统计模型自适应 UKF 算法。假设 $t=(k-1)T$ 时刻状态估计值和协方差分别为 $\hat{\boldsymbol{X}}_t[k-1]$ 和 $\boldsymbol{P}[k-1]$,步骤如下:

(1)计算 sigma 采样点 $\boldsymbol{\chi}_i[k-1]$ 和权值 W_{m}^i、W_{c}^i。

(2)系统状态方程为线性方程,无须进行 UT 变换,结合当前统计模型自适应算法,状态一步预测为

$$\hat{\boldsymbol{X}}_t[k]^-=\boldsymbol{F}_1(T)\hat{\boldsymbol{X}}_t[k-1] \tag{4-62}$$

一步预测 sigma 采样点为

$$\boldsymbol{\chi}_i[k]^-=\boldsymbol{F}_1(k)\boldsymbol{\chi}_i[k-1] \tag{4-63}$$

(3)计算一步预测协方差矩阵,有

$$\boldsymbol{P}[k]^-=\boldsymbol{F}[k]\boldsymbol{P}[k-1]\boldsymbol{F}^{\mathrm{T}}[k]+\boldsymbol{Q}[k-1] \tag{4-64}$$

(4)根据观测方程计算预测测量值,有

$$\boldsymbol{Z}_i[k]^-=h(\boldsymbol{\chi}_i[k]^-) \tag{4-65}$$

$$\boldsymbol{Z}[k]^-=\sum_{i=0}^{2n}W_{\mathrm{m}}^i\boldsymbol{Z}_i[k]^- \tag{4-66}$$

(5)计算预测测量值协方差 $\boldsymbol{S}_{\mathrm{U}}(k)$ 及状态和测量交互协方差 $C_{\mathrm{U}}[k]$,有

$$\boldsymbol{S}_{\mathrm{U}}[k]=\sum_{i=0}^{2n}W_{\mathrm{c}}^i(\boldsymbol{Z}_i'[k]^--\boldsymbol{Z}'[k]^-)(\boldsymbol{Z}_i'[k]^--\boldsymbol{Z}'[k]^-)^{\mathrm{T}}+\boldsymbol{R}[k] \tag{4-67}$$

$$\boldsymbol{C}_{\mathrm{U}}[k]=\sum_{i=0}^{2n}W_{\mathrm{c}}^i(\boldsymbol{\chi}_i'[k]^--\hat{\boldsymbol{X}}_t'[k]^-)(\boldsymbol{Z}_i'[k]^--\boldsymbol{Z}'[k]^-)^{\mathrm{T}} \tag{4-68}$$

(6)计算增益并更新状态向量和协方差,有

$$\boldsymbol{K}[k]=\boldsymbol{C}_{\mathrm{U}}[k](\boldsymbol{S}_{\mathrm{U}}[k])^{-1} \tag{4-69}$$

$$\hat{\boldsymbol{X}}_t[k]=\hat{\boldsymbol{X}}_t[k]^-+\boldsymbol{K}[k](\boldsymbol{Z}[k]-\boldsymbol{Z}[k]^-) \tag{4-70}$$

$$\boldsymbol{P}[k]=\boldsymbol{P}[k]^--\boldsymbol{K}[k]\boldsymbol{S}_{\mathrm{U}}[k]\boldsymbol{K}^{\mathrm{T}}[k] \tag{4-71}$$

4.6.2　基于当前模型和 CV 模型的 IMM_UKF 算法

交互多模型滤波是一种次优估计算法。在每个时刻,通过模型转换概率混合前一时刻所有滤波器产生的状态估计,得到特定模型滤波器初始条件。然后,

对每个模型执行标准滤波过程,对所有滤波器产生的更新状态估计加权联合,权重按照模型在算法滤波步骤中计算得到的概率进行选择,最终得到目标状态最终估计。

本书的交互模型在每个周期内使用两个滤波器,当前统计模型用于描述目标的机动运动,CV 模型用于描述目标的匀速运动,对于观测方程非线性的问题,利用 UKF 进行处理。步骤如下:

(1) 交互。模型 f^i 与 f^j 之间的混合概率 $\mu^{i|j}$ 计算如下:

$$\mu^{i|j} = \frac{1}{\bar{c}_j} p_{ij} \mu^i[k-1] \qquad (4-72)$$

式中,$\mu^i[k-1]$ 表示模型 f^i 在 $k-1$ 时刻的概率;p_{ij} 表示在下一时刻从模型 i 到模型 j 的切换概率;$\bar{c}_j$ 为归一化系数,$\bar{c}_j = \sum_{i=1}^{M} p_{ij} \mu^i[k-1]$。

(2) 滤波。每个模型 f^j 的滤波如下:

$$[\hat{\boldsymbol{X}}_t^j[k]^-, \boldsymbol{P}^j[k]^-] = \mathrm{UKF}_p(\hat{\boldsymbol{X}}_t^{0j}[k-1], \boldsymbol{P}^{0j}[k-1], \boldsymbol{F}^j[k-1], \boldsymbol{Q}^j[k-1]) \qquad (4-73)$$

$$[\hat{\boldsymbol{X}}_t^j[k], \boldsymbol{P}^j[k]] = \mathrm{UKF}_u(\hat{\boldsymbol{X}}_t^j[k]^-, \boldsymbol{P}^j[k]^-, \boldsymbol{Z}[k], \boldsymbol{H}^j[k], \boldsymbol{R}^j[k]) \qquad (4-74)$$

(3) 联合。状态值与协方差的联合估计如下:

$$\hat{\boldsymbol{X}}_t[k] = \sum_{i=1}^{M} \mu^i[k] \hat{\boldsymbol{X}}_t^i[k] \qquad (4-75)$$

$$\boldsymbol{P}[k] = \sum_{i=1}^{M} \mu^i[k] \times \{\boldsymbol{P}^i[k] + (\hat{\boldsymbol{X}}_t^i[k] - \hat{\boldsymbol{X}}_t[k])(\hat{\boldsymbol{X}}_t^i[k] - \hat{\boldsymbol{X}}_t[k])^{\mathrm{T}}\} \qquad (4-76)$$

通过类似的联合过程,分别以 $\hat{\boldsymbol{X}}_t^i[k]^-$ 和 $\boldsymbol{P}^i[k]^-$ 替代 $\hat{\boldsymbol{X}}_t^i[k]$ 和 $\boldsymbol{P}^i[k]$,可得 $\hat{\boldsymbol{X}}_t[k]^-$ 和 $\boldsymbol{P}[k]^-$。

将上述交互、滤波和联合依次迭代进行下去即可得到基于当前统计模型和 CV 模型的 IMM_UKF 过程。若要预测目标下一时刻或更长时间的状态可以在滤波时进行一步或多步预测,然后将预测结果按照上述联合方法联合计算。目标运动状态估计算法流程如图 4-49 所示。

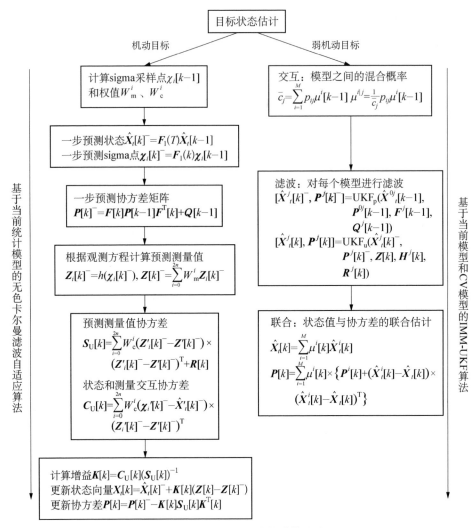

图 4-49　目标运动状态估计算法流程

4.6.3　试验结果

为了验证提出的目标状态估计算法,进行了障碍目标跟踪仿真实验。假定目标在某一高度水平面内运动,记目标状态 $\boldsymbol{X}_t = \begin{bmatrix} x_t & \dot{x}_t & \ddot{x}_t & y_t & \dot{y}_t & \ddot{y}_t \end{bmatrix}^{\mathrm{T}}$。仿真时间总计 20 s,仿真步长为 0.1 s。

目标设定如下:初始状态 $\boldsymbol{X}_t[0] = [0\ \mathrm{m}\quad 10\ \mathrm{m/s}\quad 0\ \mathrm{m/s^2}\quad 0\ \mathrm{m}\quad 0\ \mathrm{m/s}$ $0\ \mathrm{m/s^2}]$,仿真时间内目标交替做匀速直线运动和协调转弯运动,前 4 s 按初始条件沿 X 方向做匀速直线运动,接着 5 s 目标以 1 rad/s 的转向速率做左转弯的

协调转弯运动,接着 2 s 目标做匀速直线运动,接着 5 s 目标以 1 rad/s 的转向速率做右转弯的协调转弯运动,最后 4 s 目标做匀速直线运动。

假定初始时刻无人机静止于原点,与目标高度差为 100 m。测量模型如下:

$$\boldsymbol{Z} = \begin{bmatrix} \theta \\ \varphi \end{bmatrix} = \boldsymbol{h}(p, p_t) + \boldsymbol{v}_m = \begin{bmatrix} \arctan\left(\dfrac{x-x_t}{y-y_t}\right) \\ \arctan\left[\dfrac{z-z_t}{\sqrt{(y-y_t)^2 + (x-x_t)^2}}\right] \end{bmatrix} + \begin{bmatrix} v_m^\theta \\ v_m^\varphi \end{bmatrix}$$

$$(4-77)$$

在仿真场景中,传感器测角噪声均方差 $\bar{\sigma} = 0.01 \ \mathrm{rad^2}$。构造两个模型:常速度模型(CV)与当前统计模型。模型转移概率矩阵如下:

$$\boldsymbol{A} = [p_{ij}] = \begin{bmatrix} 0.9 & 0.1 \\ 0.1 & 0.9 \end{bmatrix} \qquad (4-78)$$

初始概率 $\mu^1[0] = \mu^2[0] = 0.5$。当前统计参数设定如下: $a_{x\max} = a_{y\max} = 10 \ \mathrm{m/s^2}$,机动频率 $\alpha_x = \alpha_y = 0.05$。

比较 3 种滤波方法,仿真结果如图 4 - 50、图 4 - 51 和图 4 - 52 所示,图 4 - 50 对比了 3 种滤波器的滤波结果,可以看出,初始阶段,采用单 CV 模型可以得到较平稳的结果,当目标运动模型发生变化时,CV - UKF 开始产生较大的误差,相比之下后两种滤波方法能够得到更好的结果,尽管在模型发生变化的瞬间,三者跟踪估计的误差都明显增大,但是明显地,后两者能够十分快速地收敛到一个准确的结果。

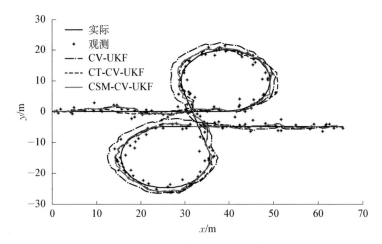

图 4 - 50　3 种滤波结果比较

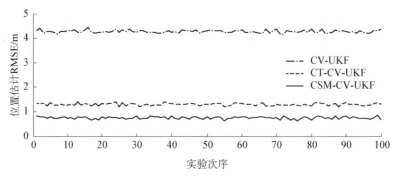

图 4‑51   3 种滤波方法的 RMSE 比较

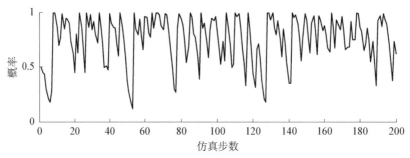

图 4‑52   仿真过程中模型 2 的概率

图 4‑51 比较了 CV‑UKF、CT‑CV‑UKF 以及 CSM‑CV‑UKF 在 100 次 Monte Carlo 试验下得到的目标位置估计均方根误差(root mean square errors,RMSE)。可以看出 CSM‑CV‑UKF 可以得到最小目标位置估计 RMSE,约为 CV_UKF 的 20%,CT‑CV‑UKF 的 60%。图 4‑52 给出仿真过程中模型 2 的概率。可以看出尽管目标的实际运动模型为 CV 和 CT 交替变换的模型,但是用基于当前统计模型和 CV 模型的 IMM_UKF 算法的滤波效果却好于基于 CV 模型和 CT 模型的 IMM_UKF 算法。以上结果表明,基于当前统计模型和 CV 模型的 IMM_UKF 算法性能优于 CT‑CV‑UKF,能够满足对运动目标的稳健跟踪。

在跟踪过程中,机载计算机以 10 Hz 的频率输出对目标的相对观测,转换为经纬度坐标,如图 4‑53 所示。为定量分析实验数据,将其转换到以(112.932,28.294)为原点,以东向为 x 正方向,北向为 y 轴正方向的平面坐标系中。目标状态估计和预测结果如图 4‑54 所示。图 4‑53 显示目标观测存在较大误差,观测误差的来源主要包括如下两方面:

(1) 目标识别不准确。图 4‑53 中误差较大的观测点可能是由于识别错误造成的。

（2）转台不具备自稳功能，加上飞机姿态不停地变化，而转台的控制和传感器的成像又需要一定时间，它们之间很小的不同步也可能会带来相当大的误差。

图4-54给出了自主跟踪试验过程中，对目标状态的观测、估计及预测结果。可以看出：

（1）在目标处于弱机动或直线运动时，估计滤波算法可以给出较为准确的估计和预测。

（2）由图4-54可以看出在目标短暂丢失或观测误差特别大的情况下，基于有限时间预测的跟踪方法可以实现对目标的持续跟踪。

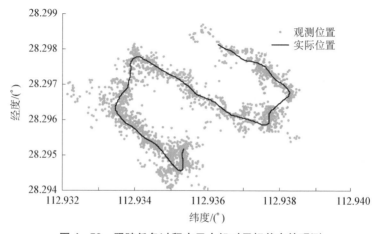

图4-53　跟踪任务过程中无人机对目标状态的观测

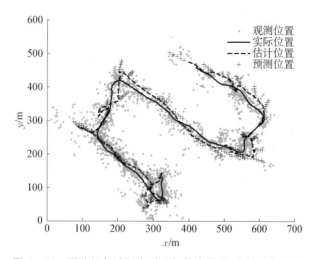

图4-54　跟踪任务过程中对目标状态的观测、估计与预测

由图 4‑55 可以看出在跟踪任务的前 80 s，估计结果比较准确，在 80～120 s 之间速度估计值误差很大，这是由于目标位置观测存在较大误差造成的。

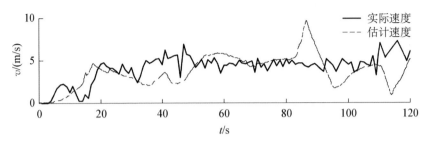

图 4‑55　跟踪任务过程中目标速度估计

图 4‑56 给出跟踪任务过程中的目标位置估计误差绝对值，可以看到在测量误差较大的情况下，位置估计误差不超过 65 m，本书提出的估计滤波方法依然能够得到较为稳定的目标状态估计。

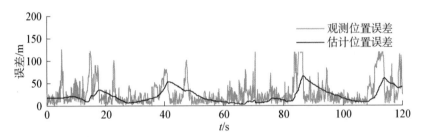

图 4‑56　跟踪任务过程中目标位置估计误差曲线

根据以上分析，即便传感器测量存在较大误差，本书提出的求解方案仍然能够得到较为稳定的目标状态估计结果，表 4‑8 展示了障碍目标运动状态的估计效果，表明了算法的有效性。

表 4‑8　障碍目标运动状态的估计效果

速度估计误差/(m/s)	位置估计误差/m
≤10	≤65

结合运动目标检测的目标跟踪算法流程如图 4‑57 所示。

根据流程图，将检测结果不断作为目标跟踪的初始位置，在无人机飞行过程中，将基于 SURF 特征点检测计算的结果与采用 Mean Shift 融合 Kalman 滤波

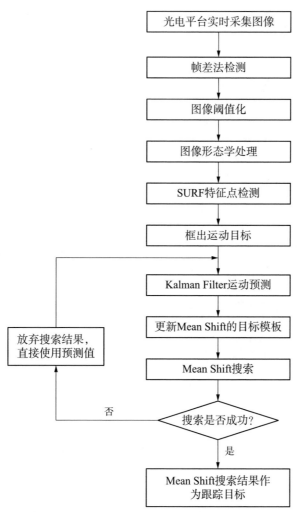

图 4-57 结合运动目标检测的目标跟踪算法流程

的方法结合,实现实时跟踪。

仿真结果如图4-58所示,在运动目标飞机不断接近我方无人机的过程中,摄像机依据本章提出的算法,不断改变角度,实时跟踪运动目标,同时根据目标在视野中的大小变化实时调整目标方框,保证目标方框一直处在摄像机中心。

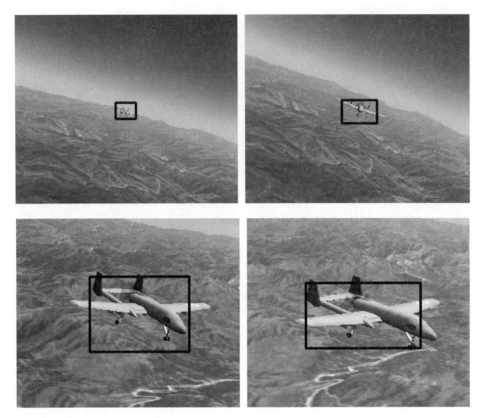

图 4-58 实时跟踪目标效果图

4.7 小结

本章主要讲述了几种无人机空间环境的感知技术。

4.1 节主要讲述了基于视觉注意力的目标感知与定位算法,提出了一种多特征融合的视觉注意模型。

4.2 节主要讲述了为了能够将各种传感器信息进行融合,充分利用各个传感器的优点,提出了基于证据推理的异类传感器目标融合检测算法,并简单阐述了该算法的理论、实验与仿真。

4.3 节主要讲述了为了进行小目标检测,提出了一种基于形态学滤波与序列图像相关的空中小目标感知算法。该算法具有计算量小,鲁棒性好,准确率高,实时性好等特点。

4.4节主要讲述了为了更好地提取图像中的运动信息,提取运动人物或目标,简化后续的运动跟踪、识别、分析而提出的复杂动态背景下运动目标检测算法设计。

4.5节主要介绍了3种运动目标跟踪算法,分别是基于特征跟踪的Mean Shift方法,SURF特征点匹配和RANSAC算法,以及基于先验预估的Kalman跟踪方法,并最终引出适合无人机运动目标跟踪的融合两者优点的新跟踪方法。

4.6节主要讲述了为了结合传感器信息、自身状态信息,对障碍目标位置、速度、加速度等状态量进行滤波和预测,方便后续碰撞检测与规避决策,实现估计障碍目标运动状态的功能从而提出了基于IMM_UKF的障碍运动状态估计算法。

参│考│文│献 ••••••••••••••••••••••••••••

［1］乔奎贤,赵妮,李耀军.基于SURF特征的航空序列图像位置估计算法[J].计算机工程与应用,2013,49(14):164－169.

［2］Zangeneh S M, Maghooli K, Setarehdan S K, et al. Emotion recognition through EEG phase space dynamics and Dempster-Shafer theory[J]. Medical hypotheses, 2019,127: 34－45.

［3］崔丽洁,郑江滨,李秀秀.基于SVD背景抑制和粒子滤波的弱小目标检测[J].计算机应用研究,2011,28(4):1553－1555.

［4］王博.红外序列图像中运动弱小目标时域检测方法[D].西安:西安电子科技大学,2010.

［5］沈瑜,王新新.基于背景减法和帧间差分法的视频运动目标检测方法[J].自动化与仪器仪表,2017(4):122－124.

［6］刘磊,王志良,刘冀伟,等.一种改进的快速全局运动估计算法[J].计算机工程,2010,36(20):28－31.

［7］杨军建,吴良才.基于RANSAC算法的稳健点云平面拟合方法[J].北京测绘,2016(2):73－75.

［8］周海兵.基于GPU加速的Otsu图像阈值分割算法实现[D].大连:大连理工大学,2009.

［9］郭艳艳.灰度形态学算子[D].苏州:苏州科技学院,2014.

［10］张淑平.基于加速稳健特征匹配和凸集投影算法的超分辨率重建[J].计算机应用,2012,32(S2):159－161.

［11］周尚波,李昆.核函数带宽自适应的均值漂移目标跟踪算法[J].计算机工程与设计,2012,33(7):2776－2781.

［12］邱亚辉,李长青,崔有帧.RANSAC算法在剔除图像配准中误匹配点的应用[J].影像技术,2014,26(4):46－47,9.

［13］杨红霞,杭亦文,刘旭.基于Meanshift与Kalman的视频目标跟踪算法[J].武汉理工大学学报(信息与管理工程版),2012,34(2):147－150.

[14] 钱华明,陈亮,满国晶,等.基于当前统计模型的机动目标自适应跟踪算法[J].系统工程与电子技术,2011,33(10):2154-2158.

[15] 付巍,郑宾.基于模糊控制交互式多模型粒子滤波的静电机动目标跟踪[J].兵工学报,2014,35(1):42-48.

5 无人机自动避障路径规划技术

5.1 碰撞检测算法研究

5.1.1 模糊冲突判定方法

应用模糊集合理论,将无人机水平接近度划分为远、中、近 3 个等级,即整个论域中的 3 个模糊集合。隶属函数采用钟形隶属函数。

分别定义近、中、远 3 个接近等级的隶属函数为 $\mu_A(x)$、$\mu_B(x)$、$\mu_C(x)$,其表达式如下式所示。

$$\mu_A(x) = \frac{1}{1 + \left| \dfrac{x}{20} \right|^4} \tag{5-1}$$

$$\mu_B(x) = \frac{1}{1 + \left| \dfrac{x-50}{20} \right|^4} \tag{5-2}$$

$$\mu_C(x) = \frac{1}{1 + \left| \dfrac{x-100}{20} \right|^4} \tag{5-3}$$

3 个接近等级的隶属函数曲线如图 5-1 所示。

测量到本机与入侵机的相对水平距离后,分别计算 3 种接近等级的隶属函数值,采用最大隶属度识别原则,将函数值较高的隶属函数所对应的接近等级作为当前本机与入侵机的水平接近等级。

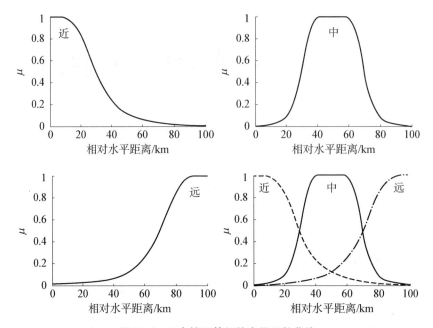

图 5-1 3 个接近等级的隶属函数曲线

通过调节 3 个隶属函数参数 a、b、c 值的大小,可以调节 3 条隶属曲线的作用区域。图 5-2 为调节隶属函数各参数的效果图。

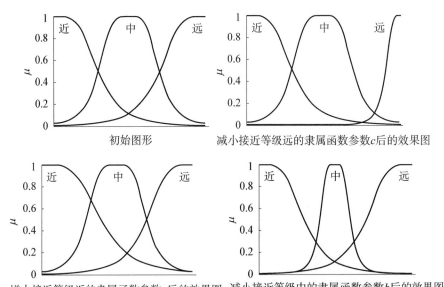

图 5-2 调节隶属函数各参数的效果图

同理,运用上述方法,也可以判定当前本机与入侵机的垂直接近等级。

通过相应的转换规则,可以将求得的水平接近等级与垂直接近等级转化得到本机与入侵机的空间接近等级,等级转化规则如表5-1所示。

表5-1　等级转化规则

水平接近度	垂直接近度		
	远	中	近
远	远	远	远
中	远	中	中
近	远	中	近

当入侵机空间接近等级判定为远时,本机可以忽略入侵机的存在;当入侵机接近等级为中时,本机将启动碰撞检测算法,进一步判定是否会有碰撞发生。

5.1.2　碰撞检测算法

假设实际测量的本机与入侵飞机的方位角度为 θ,相对距离为 R_t,垂直高度差为 ΔZ(定高飞行)。那么两机相对距离在本机飞行平面上的投影值为 $R = \sqrt{R_t^2 - \Delta Z^2}$。投影水平相对距离如图5-3所示。

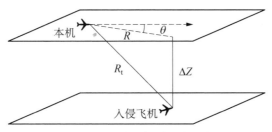

图5-3　投影水平相对距离示意图

水平方向飞行冲突探测模型如图5-4所示。

图中,V_0、V_1 分别为无人机与入侵机的飞行速度;V_r 为无人机与入侵机的相对速度。θ_1、R_1、θ_2、R_2 分别为间隔单位时间内,两次测量所得到的两架飞机的相对距离与方位角。

设相对速度下,单位时间内,入侵机飞行距离为 x,则由余弦定理可得

$$x = \sqrt{R_1^2 + R_2^2 - 2R_1R_2\cos(\theta_1 - \theta_2)} \qquad (5-4)$$

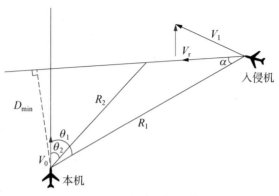

图 5-4 飞行冲突探测模型

由正弦定理可得

$$\frac{\sin\alpha}{R_2}=\frac{\sin(\theta_1-\theta_2)}{x} \tag{5-5}$$

又有

$$\sin\alpha=\frac{D_{\min}}{R_1} \tag{5-6}$$

由式(5-5)和式(5-6)可得到达最近点处时,水平相对距离为

$$D_{\min}=\frac{R_1R_2\sin(\theta_1-\theta_2)}{\sqrt{R_1^2+R_2^2-2R_1R_2\cos(\theta_1-\theta_2)}} \tag{5-7}$$

到达最近点所需时间为

$$\Delta t=\frac{R_2[R_1\cos(\theta_1-\theta_2)-R_2]}{\sqrt{R_1^2+R_2^2-2R_1R_2\cos(\theta_1-\theta_2)}} \tag{5-8}$$

如果 ΔZ 与 $D_{\min}$ 同时小于飞机的垂直方向与水平方向的最小安全距离,则可以判定无人机与入侵机将会有碰撞发生。

5.2 无人机动态碰撞区建模与避撞策略分析

5.2.1 概述

避撞能力的好坏决定了无人机能否在动态不确定环境中执行任务。但是过早或过晚进行避撞机动,将会导致不必要的机动飞行或无法避开威胁目标。因此,对于无人机安全避撞问题,定义合理的避撞区域或者避撞机动时刻是非常重要的。

5.2.2　无人机避撞过程和问题的描述

无人机的避撞过程可分为 3 个阶段:碰撞检测、避撞决策和避撞机动。当无人机在飞行过程中检测到碰撞的可能性时,需要进行避撞决策并给出规避机动方式和机动时刻。

1) 碰撞区的描述

设从 t_0 时刻起无人机、入侵机分别以速度 V_a 和 V_m 做匀速直线运动,则无机动碰撞区是指 t_0 时刻以后两机必将发生碰撞时,入侵机在 t_0 时刻所有可能位置点的集合。

设从 t_0 时刻起无人机以速度 V_a 按最大可用过载做匀速圆周运动,入侵机以速度 V_m 做匀速直线运动,则最大机动碰撞区是指 t_0 时刻以后两机必将发生碰撞时,入侵机在 t_0 时刻所有可能位置点的集合。

以无人机位置点为中心,最小安全距离为半径的圆球称为禁入区。

2) 坐标系和投影面

如图 5 - 5 所示,点 P_a 处为无人机,点 P_m 处为入侵机,D_L 为两机的最小安全距离;以 P_a 为球心、D_L 为半径的圆球为无人机的禁入区。

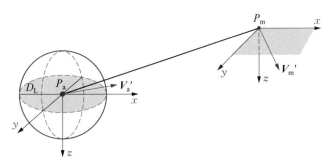

图 5 - 5　无人机与入侵机的碰撞几何关系图

5.2.3　无机动碰撞区建模

如图 5 - 6 所示,设入侵机速度大小为 V_m,航向角为 φ_m,无人机速度大小为 V_a,航向角为 φ_a,两机之间的最小安全距离为 D_L。入侵机以相对无人机的速度 V_r 做匀速直线运动。无机动碰撞区的临界情况如下:当入侵机到达离无人机最近点时,两机之间的距离 $D(t)$ 恰好等于最小安全距离 D_L,即图中两条边界线所形成的区域。

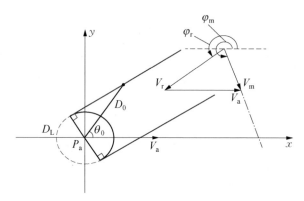

图 5-6 无机动碰撞区示意图

取无机动碰撞区边界线上任意一点,设该点处入侵机相对无人机的初始方位角为 θ_0,初始距离为 D_0,则 t 时刻无人机与入侵机之间的距离为

$$\begin{cases} \Delta x = V_a t - D_0 \cos\theta_0 - V_m t \cos\varphi_m \\ \Delta y = -D_0 \sin\theta_0 - V_m t \sin\varphi_m \\ D(t) = \sqrt{(\Delta x)^2 + (\Delta y)^2} \end{cases} \qquad (5-9)$$

对 $D^2(t)$ 求导数,得

$$[D^2(t)]' = -2HD_0 + 2V_r^2 t \qquad (5-10)$$

式中,$H = V_a \cos\theta_0 - V_m \cos(\varphi_m - \theta_0)$;$V_r = \sqrt{V_a^2 + V_m^2 - 2V_a V_m \cos\varphi_m}$。

(1) 当 $H \geqslant 0$ 时,令 $[D^2(t)]' = 0$,得

$$t = \frac{H}{V_r^2} D_0 \qquad (5-11)$$

此时入侵机到达两机最近点。根据无机动碰撞区的临界条件,可知

$$D(t) \big|_{t=\frac{H}{V_r^2}D_0} = D_L \qquad (5-12)$$

所以

$$D_0 = \frac{V_r}{\sqrt{V_r^2 - H^2}} D_L \qquad (5-13)$$

（2）当 $H < 0$ 时，$[D^2(t)]'$ 恒大于 0。表明 t_0 时刻无人机与入侵机距离最近；之后，两机之间的距离逐渐增大，即两机互相远离，不会发生碰撞。因此，可规定此时无机动碰撞区的边界值 $D_0 = D_L$，即图 5-6 中的虚线半圆弧。

5.2.4　最大机动碰撞区建模

图 5-7 为初始方位角为 θ_0 时无人机与入侵机的运动情形示意图。R 为无人机以最大侧向过载 n_{max} 飞行的转弯半径，D_0 为转弯机动开始时刻两机间的距离，$\Delta\varphi$ 为转弯机动开始 t 时间时无人机速度方向转过的角度。

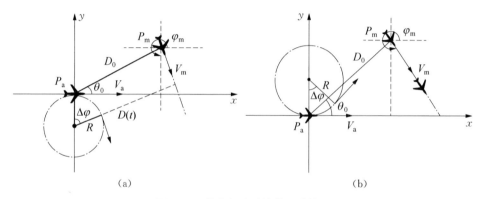

(a)　　　　　　　　　　　(b)

图 5-7　最大机动避撞的运动情形

（a）无人机向右转　　（b）无人机向左转

最大机动碰撞区的临界情况如下：两机距离为 D_0 时无人机开始最大侧向过载转弯机动，当两机到达最接近点时两机距离 $D(t)$ 恰好等于最小安全距离 D_L。此时，初始距离 D_0 即为最大机动碰撞区的边界值。

无人机航向角速度为

$$\omega = \frac{\mathrm{d}\varphi_a}{\mathrm{d}t} = \frac{g}{V_a} n_y \tag{5-14}$$

式中，g 为重力加速度；n_y 为无人机侧向过载。

相应地，无人机的转弯半径为

$$R = \frac{V_a}{\omega} = \frac{V_a^2}{g n_y} \tag{5-15}$$

t 时刻，无人机与入侵机之间的距离为

$$\begin{cases} \Delta x = R\sin(\omega t) - D_0\cos\theta_0 - V_m t\cos\varphi_m \\ \Delta y = -R + R\cos(\omega t) - D_0\sin\theta_0 - V_m t\sin\varphi_m \\ D(t) = \sqrt{(\Delta x)^2 + (\Delta y)^2} \end{cases} \quad (5-16)$$

两机到达最接近点时,距离 $D(t)$ 恰好等于最小安全距离 D_L,因此可以建立二元方程组:

$$\begin{cases} D'(t) = 0 \\ D(t) = D_L \end{cases} \quad (5-17)$$

取 $n_y = n_{y\max}$,将式(5-14)、式(5-15)、式(5-16)代入式(5-17),整理可得

$$\begin{cases} D_0\left[V_m\cos(\varphi_m - \theta_0) - V_a\cos\left(\dfrac{gtn_{y\max}}{V_a} + \theta_0\right)\right] + V_m^2 t - \\ V_a V_m t\cos\left(\varphi_m + \dfrac{gtn_{y\max}}{V_a}\right) + \dfrac{V_a^3}{gn_{y\max}}\sin\left(\dfrac{gtn_{y\max}}{V_a}\right) - \\ \dfrac{V_a^2 V_m}{gn_{y\max}}\sin\left(\varphi_m + \dfrac{gtn_{y\max}}{V_a}\right) + \dfrac{V_a^2 V_m}{gn_{y\max}}\sin\varphi_m = 0 \\ (\Delta x)^2 + (\Delta y)^2 - D_L^2 = 0 \end{cases} \quad (5-18)$$

通过求解该方程组,可以得到初始方位角为 θ_0 时最大机动碰撞区的边界值 D_0。然后其他条件不变,令初始方位角 θ_0 依次在 $0\sim2\pi$ 范围内取值,根据方程组(5-18)即可求得在该运动状态下,无人机向右转弯的最大机动碰撞区的所有边界值。

同理,取 $n_y = -n_{y\max}$,可求得向左转弯机动时,最大机动碰撞区的数学模型。

接着,采用二分法对最大机动碰撞区模型方程进行求解,最终得到未知量 t 和 D_0 的数值解。若求解得到的 D_0 小于 0,则令 $D_0 = D_L$。

5.2.5 不可规避区和安全飞行包络

设从 t_0 时刻起入侵机以速度 V_m 做匀速直线运动,则不可规避区是指无论无人机机动与否,t_0 时刻以后两机必将发生冲突的入侵机 t_0 时刻可能位置的集合。

若令入侵机的航向角 φ_m 依次在 $0\sim2\pi$ 范围内取值,则可求得对应不同入侵机航向的不可规避区,取其并集,得到安全飞行包络。当入侵机处于安全飞行

包络之外时,无人机可通过某种机动规避碰撞的发生。

5.2.6 仿真分析与讨论

设基本仿真条件如下:最小安全距离 $D_L=50$ m,无人机飞行速度 $V_a=60$ m/s,入侵机飞行速度 $V_m=120$ m/s,无人机航向 $\varphi_a(0)=0$,无人机最大侧向过载 $n_{ymax}=0.8$,入侵机航向角 $\varphi_m=240°$。

1) 碰撞区仿真分析

由图 5-8 可知无机动碰撞区边界与相对速度平行。

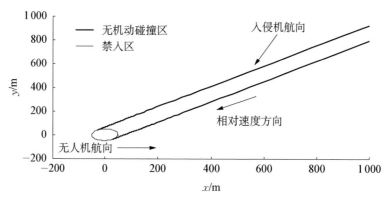

图5-8　无机动碰撞区与相对速度的关系

向左和向右最大机动碰撞区的边界如图 5-9 所示。

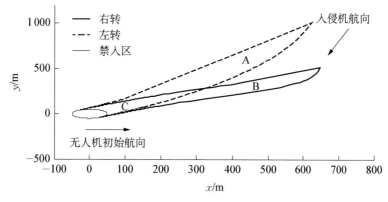

图5-9　向左和向右最大机动碰撞区的边界

A 区和 B 区分别为向左、向右最大机动碰撞区。当入侵机在 A、B 区域的边界外时,无人机采取向右和向左最大侧向过载转弯机动均可避免碰撞的发生;当入侵机已进入 A 或 B 最大机动碰撞区时,无人机采取该方法已经无法避免碰撞的发生。当入侵机进入 C 区时,无论无人机采取向右或向左最大侧向过载转弯机动都无法避免碰撞发生。

进一步地,当入侵机航向角分别为 40°、90°、180°、280°、320°时,仿真结果如图 5 - 10 所示。

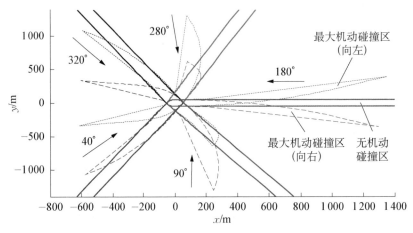

图 5 - 10　不同入侵情况下不可规避区的示意图

由图 5 - 10 可知,当入侵机以航向角 40°和 90°入侵时,向右最大机动碰撞区的范围大于向左最大机动碰撞区;当入侵机以航向角 280°和 320°入侵时则结果相反;当入侵机的航向角为 180°时,向左和向右最大机动碰撞区的大小相近。

此外,当入侵机以航向角 40°和 320°入侵时,相对速度较小,不可规避区的最远点离原点较近;当入侵机以航向角 90°和 280°入侵时,相对速度较大,不可规避区的最远点离原点较远;当入侵机的航向角为 180°时,相对速度最大,因此不可规避区的最远点离原点最远。

在图 5 - 10 的仿真条件下,安全飞行包络如图 5 - 11 所示。由于无人机的初始航向为 0°,因此在相对速度较大的右侧区域,安全飞行包络的范围较大,与不可规避区的仿真结果一致。

2) 碰撞区影响因素分析

对最大机动碰撞区和安全飞行包络来说,增大入侵机速度,以及增大安全距离,都将使其范围增大,如图 5 - 12 和图 5 - 13 所示;相反,则会使其范围减小。同样,改变无人机的速度大小和侧向过载也将影响各碰撞区的分布,如表 5 - 2 所示。

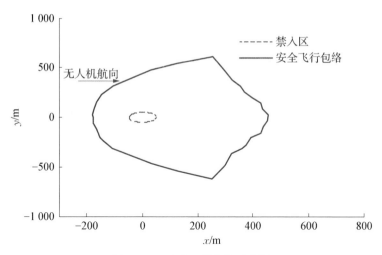

图 5-11　安全飞行包络示意图

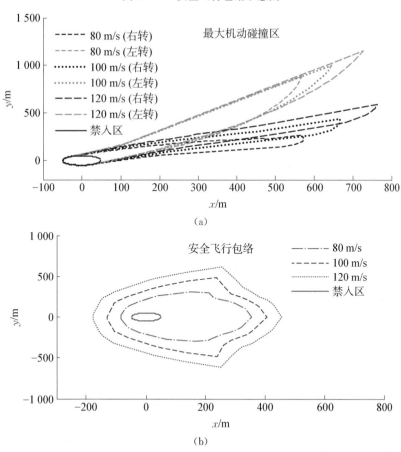

图 5-12　入侵机速度对各区域的影响

（a）最大机动碰撞区　（b）安全飞行包络

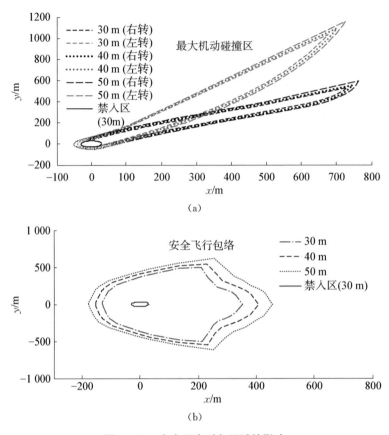

图 5 - 13　安全距离对各区域的影响

(a) 最大机动碰撞区　(b) 安全飞行包络

表 5 - 2　无人机运动对各区域的影响

影 响 因 素	无机动碰撞区	最大机动碰撞区	安全飞行包络
无人机速度增大	偏转	增大	增大
侧向过载增大	无影响	减小	减小

　　综上,相对速度、无人机机动能力和安全距离是所建碰撞区的主要影响因素,其中,无人机的速度是可控量,因此在设计避撞策略时应考虑对速度的控制。

5.2.7　基于所建碰撞区的无人机避撞策略

根据无人机的机动能力、感知设备的测量误差,以及两机最小安全距离等因素,设定无人机的警戒时间、逃逸时间和最小逃逸时间,用于无人机选择避撞机动方式和机动时机。同时,将无人机速度作为避撞过程中的一个控制量,提出基于所建碰撞区的无人机避撞策略,如图5-14所示。

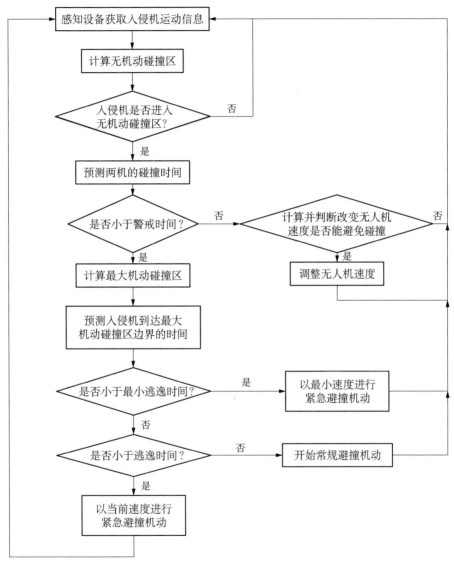

图5-14 基于所建碰撞区的无人机避撞策略

以上避撞策略可在保证避撞成功的前提下,尽可能少地改变无人机的预定飞行路线。

5.3 无人机实时避障方法研究

5.3.1 基于人工势场法的航迹规划算法

考虑到飞行空域避撞环境不会过于复杂,但对实时性要求较高,所以我们采用了实时性好的人工势场法进行避撞航迹规划任务。

人工势场法的基本思想是将运动物体在周围环境中的运动设计成一种抽象的人造引力场中的运动。设无人机、入侵机、目标点的坐标值分别为 $X_p = (x_p, y_p, z_p)$, $X_o = (x_o, y_o, z_o)$, $X_T = (x_T, y_T, z_T)$,则目标点与无人机之间的引力场为

$$U_{att}(\boldsymbol{X}) = \frac{1}{2} K_{att} \mid \boldsymbol{X}_p - \boldsymbol{X}_T \mid^2 \qquad (5-19)$$

式中,K_{att} 为引力系数。

斥力场为

$$U_{rep}(\boldsymbol{X}) = \begin{cases} \dfrac{1}{2} K_{rep} \left(\dfrac{1}{r} - \dfrac{1}{r_0} \right)^2, & r \leqslant r_0 \\ 0, & r > r_0 \end{cases} \qquad (5-20)$$

式中,K_{rep} 为斥力系数;r_0 为斥力作用距离;$r = \sqrt{(x_p - x_o)^2 + (y_p - y_o)^2 + (z_p - z_o)^2}$ 为无人机与入侵机距离。

定义引力 $\boldsymbol{F}_{att}$ 为引力场的负梯度,则有

$$\boldsymbol{F}_{att} = -\nabla U_{att}(\boldsymbol{X}) = -K_{att} \mid \boldsymbol{X}_p - \boldsymbol{X}_T \mid \qquad (5-21)$$

则无人机所受引力为

$$\boldsymbol{F}_{att} = -\frac{K_{att}}{\sqrt{(x_p - x_T)^2 + (y_p - y_T)^2 + (z_p - z_T)^2}} \begin{bmatrix} x_p - x_T \\ y_p - y_T \\ z_p - z_T \end{bmatrix} \qquad (5-22)$$

定义斥力 $\boldsymbol{F}_{rep}$ 为斥力场的负梯度,则有

$$\boldsymbol{F}_{rep} = -\nabla U_{rep}(\boldsymbol{X}) \qquad (5-23)$$

则无人机所受斥力为

$$
\boldsymbol{F}_{\mathrm{rep}} = \begin{cases} K_{\mathrm{rep}} \dfrac{1}{r^{2.5}} \left(\dfrac{1}{r} - \dfrac{1}{r_0} \right) \begin{bmatrix} x_{\mathrm{p}} - x_{\mathrm{o}} \\ y_{\mathrm{p}} - y_{\mathrm{o}} \\ z_{\mathrm{p}} - z_{\mathrm{o}} \end{bmatrix}, & r \leqslant r_0 \\ 0, & r > r_0 \end{cases} \tag{5-24}
$$

通过计算无人机所受合力 $\boldsymbol{F} = \boldsymbol{F}_{\mathrm{att}} + \boldsymbol{F}_{\mathrm{rep}}$，$\boldsymbol{F}$ 的方向即为规划航迹下一步长的方向。面对一架入侵机，应用人工势场法所规划的航迹如图 5-15 所示。

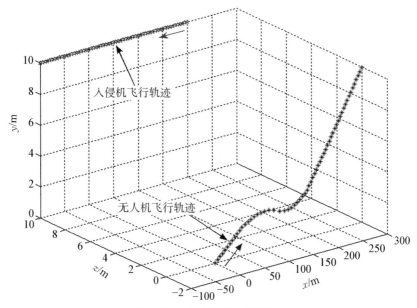

图 5-15　人工势场法规划航迹

5.3.2　基于粒子群算法的参数优化

利用人工势场法在斥力系数较小、引力系数较大的情况下，所规划的航迹比较平滑，但是在无人机与入侵机到达最接近点时可能会产生避撞失败问题；在相反情况下，所规划航迹安全性更高，但是会造成航迹平滑度降低、无人机偏离原航线的程度加大等问题。

于是我们采用了粒子群优化算法与人工势场法相结合的方法，实现了人工势场法参数自主优化功能。

由于引力系数与斥力系数作用相反，所以我们将引力系数设定为定值，只将斥力系数以及斥力作用距离作为参数设定适应度函数，优化过程如下：

(1) 设飞机间安全距离为 20，引力系数设为 1，斥力系数范围为 [0.1, 2]，斥力作用距离范围为[20，100]，种群数设为5，在参数范围内随机产生初始化粒子群。

（2）分别将各个粒子代入适应度函数中，通过计算得到当前每个粒子所对应的适应度值，通过与个体最优粒子值比较，更新每个个体最优粒子，进而更新种群最优粒子。通过个体最优粒子与种群最优粒子，更新产生下一代粒子。

（3）将种群最优粒子代入适应度函数，进行航路规划，并计算得到规划航路与入侵机飞行轨迹的最近距离。

（4）如果飞机间最近距离大于其安全距离，则当前种群最优粒子为优化参数值；如果飞机间最近距离小于其安全距离，则返回步骤（2），更新产生下一代粒子。

运用上述方法，进行多次仿真验证，表5-3所示为几组仿真结果数据。

表5-3　基于粒子群算法参数优化仿真结果

初始化参数优化前 /m		最小间距 /m	迭代次数	参数优化后		最小间距/m	仿真时间 /s
$K_{rep} = 0.244\ 1$	$r_0 = 57.771\ 8$	3.313 4	4	$K_{rep} = 1.384\ 1$	$r_0 = 98$	23.862 2	0.302
$K_{rep} = 0.956\ 0$	$r_0 = 30.607\ 9$	5.415 2	4	$K_{rep} = 1.399\ 3$	$r_0 = 87.260\ 4$	24.063 9	0.297
$K_{rep} = 1.720\ 8$	$r_0 = 41.585\ 7$	16.786 6	2	$K_{rep} = 1.978\ 3$	$r_0 = 70.184\ 3$	22.274 0	0.273
$K_{rep} = 1.582\ 5$	$r_0 = 32.752\ 2$	8.784 2	2	$K_{rep} = 1.853\ 1$	$r_0 = 67.752\ 2$	20.509 0	0.311

由仿真结果得到，改进算法可以使航迹规划算法获得安全的飞行航迹和较好的实时性。

5.3.3　局部最小问题解决方法

人工势场法虽然具有很多优点，但仍存在局部最小问题。当无人机、入侵机与目标点三者在一条直线上时，目标点对无人机的吸引力与入侵机对无人机的排斥力共线且方向相反，随着排斥力的逐渐增大，会在某个位置使得吸引力与排斥力大小相等方向相反，从而造成局部极小情况。

改进方法如下：当无人机所受斥力与引力共线时，临时改变实际所受斥力的作用方向，使斥力与引力摆脱共线状态，从而解决局部最小问题。

设此时无人机所受斥力为 $\boldsymbol{F}_{rep} = \begin{bmatrix} F_{repx} & F_{repy} & F_{repz} \end{bmatrix}$，需要对斥力逆时针旋转的角度为 θ，旋转后斥力为 $\boldsymbol{F}'_{rep} = \begin{bmatrix} F'_{repx} & F'_{repy} & F'_{repz} \end{bmatrix}$，则转换关系如

下式：

$$\begin{bmatrix} F'_{\text{rep}\,x} \\ F'_{\text{rep}\,y} \\ F'_{\text{rep}\,z} \end{bmatrix} = \begin{bmatrix} \cos\theta & -\sin\theta & 0 \\ \sin\theta & \cos\theta & 0 \\ 0 & 0 & 1 \end{bmatrix} \begin{bmatrix} F_{\text{rep}\,x} \\ F_{\text{rep}\,y} \\ F_{\text{rep}\,z} \end{bmatrix} \tag{5-25}$$

不失一般性，取 $\theta=90°$ 验证改进算法的有效性。仿真结果如图 5-16 所示。

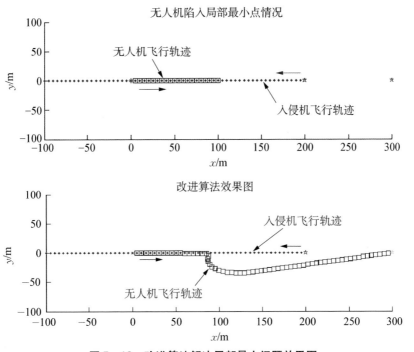

图 5-16 改进算法解决局部最小问题效果图

不难发现，当无人机所受引力与斥力共线时，临时改变无人机所受斥力作用方向，可以使无人机引力与斥力摆脱共线状态，从而成功避撞。

5.3.4 航迹平滑处理方法

从以上仿真图中可以发现，在无人机避撞机动初期，所规划航线转弯角较大，此时，需要对所规划航线进行平滑处理。

具体的设计思路如下：设当前点为 $p(i)$，分别计算前一航迹点 $p(i-1)$ 与当前点的连接向量，当前点与后一航迹点 $p(i+1)$ 的连接向量，并计算两向量间夹角；如果该夹角大于最大转弯角，则删除当前点 $p(i)$，将 $p(i-1)$ 设为 $p(i)$ 循环上述操作，直到 $p(i-1)$、$p(i)$ 和 $p(i+1)$ 3 点之间连线夹角小于最大转弯角;此时将 $p(i+1)$ 设为 $p(i)$,进行下一航迹点的平滑处理,直到完成整条规划航迹的平滑处理。

加入平滑处理算法后,所规划航迹与未平滑前比较如图 5‐17 所示(航路点最大转弯角为 30°)。

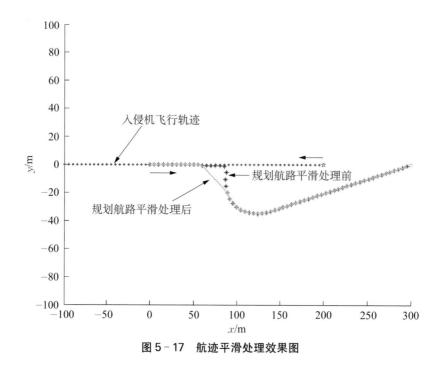

图 5‐17　航迹平滑处理效果图

由图 5‐17 可知,规划航迹经平滑算法处理后,不满足飞行要求的航迹点被删除掉,航迹变得平滑可飞行。

5.3.5　实时航路规划算法的仿真验证

设无人机初始位置为(0 m,0 m),速度为(100 m/s,0 m/s),目标点位置为(30 000 m,0 m),飞机间最小安全距离为 500 m。迎面遭遇情况下,入侵机初始位置为(20 000 m,0 m),速度为(−100 m/s,0 m/s);追尾遭遇情况下,入侵机初始位置为(−10 000 m,0 m),速度为(200 m/s,0 m/s);正侧向遭遇情况下,入侵机初始位置为(10 000 m,−10 000 m),速度为(0 m/s,100 m/s);斜侧向遭遇情况下,入侵机初始位置为(15 000 m,5 000 m),速度为(−50 m/s,−50 m/s)。

利用上述数据,分别进行航路规划仿真,仿真效果图如图 5‐18~图 5‐21 所示。

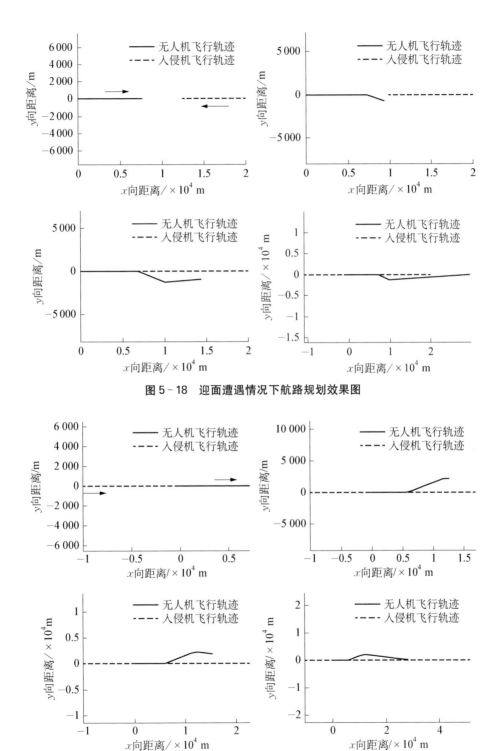

图 5-18　迎面遭遇情况下航路规划效果图

图 5-19　追尾遭遇情况下航路规划效果图

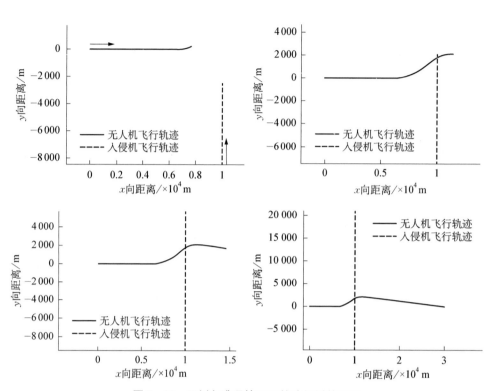

图 5-20 正侧向遭遇情况下航路规划效果图

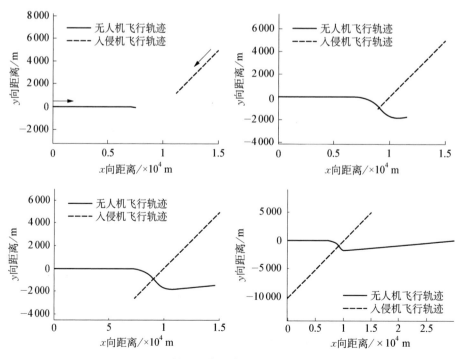

图 5-21 斜侧向遭遇情况下航路规划效果图

四种不同遭遇情况下，所规划航路与入侵机航路的最小间距如表 5-4 所示。不难发现，不同遭遇情况下，所规划航路飞机间最小间距均大于飞机间最小安全距离，满足避撞要求。

表 5-4 不同遭遇情况下规划航路的最小间距

遭 遇 情 况	飞机间最小间距/m
迎面遭遇	628.410 5
追尾遭遇	648.941 6
正侧向遭遇	750.563 5
斜侧向遭遇	673.706 6

5.4 基于扰动流体的无人机空中避撞方法

5.4.1 概述

受流函数法启发，本节研究基于扰动流体的无人机空中避撞方法，该方法与传统的空中避撞方法相较，能够处理基于圆球或圆柱体的空中飞行冲突判定模型，并且对原路径的改变量小，可获得平滑的可行飞航线。

5.4.2 流函数法

流函数法的总体思路如下：在规划空间中引入某种流动的流场，由流体力学知识可得其速度势，然后在原流场中加入障碍物，通过建立障碍物的势场并与原势场叠加可以得到总的势场，对速度势求导即得流场中各处的流速，对流速积分所得流体的流线就是为无人机规划出的航路。

5.4.3 基于扰动流体的无人机空中避撞方法

首先，为了使无人机从起始点运动至目标点，在目标点处加入流动——汇，汇是一种以一定的流量均匀地从四周流入目标点的流体，因此当规划空间中出现障碍物时，由于障碍物的扰动使得原流场的流速发生改变，扰动后的流场对于各个障碍物都满足不可穿透条件，使得流线能够绕开障碍物。

考虑三维空间中某一流动，其流速为 $u(x, y, z)$，当空间中存在某一障物且其表面方程由下式表示：

$$\Gamma(x, y, z) = \left(\frac{x - x_0}{a}\right)^{2p} + \left(\frac{y - y_0}{b}\right)^{2q} + \left(\frac{z - z_0}{c}\right)^{2r} = 1 \quad (5-26)$$

其中，x_0、y_0、z_0 表示障碍物的中心点位置，常数 a、b、c 用于控制障碍物大小，指数 p、q、r 取不同范围的值时，该方程可以近似不同的几何体。

设汇流位于原点处，强度为 C，当未加入障碍物时，汇流的速度场为

$$\boldsymbol{u}(x, y, z) = \left[\frac{C_x}{x^2 + y^2 + z^2} \quad \frac{C_y}{x^2 + y^2 + z^2} \quad \frac{C_z}{x^2 + y^2 + z^2}\right]^{\mathrm{T}}$$

$$(5-27)$$

当出现障碍物时，可以得到如下结论：

（1）障碍物外任意一点都有非零的且指向原点的速度分量。

（2）原点仍然是整个流场的唯一奇点。

由图 5-22 可知，当距离障碍物较远时，$\|\boldsymbol{v}\|$ 较小，这样 $\bar{\boldsymbol{u}}$ 和 $\boldsymbol{u}$ 夹角较小，流线基本保持初始方向；当距离障碍物越近时，$\|\boldsymbol{v}\|$ 越大，使得 $\bar{\boldsymbol{u}}$ 逐渐向 $\boldsymbol{t}$ 方向靠近，此时流线沿障碍物近似切线方向变化。因此，流线在保证避碰的同时，还能够由起点流向终点。

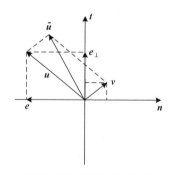

图 5-22　流速示意图

若原流场流速为 $\boldsymbol{u}(x, y, z)$，考虑规划空间中存在 K 个冲突敌机，其中第 k 个冲突敌机所处冲突判定模型的表面方程为 $\Gamma_k(x, y, z) = 1$，$k = 1, \cdots,$ K。为了使得新流场能够避开每个冲突敌机，我们采用类似于流函数法中的速度加权方法，可以得到新的流场流速为

$$\bar{\boldsymbol{u}}(x, y, z) = \sum_{i=1}^{K} \omega_k \bar{\boldsymbol{u}}_k(x, y, z) \quad (5-28)$$

$$\omega_k = \prod_{i=1,\,i\neq k}^{K} \frac{(\Gamma_i - 1)}{(\Gamma_k - 1) + (\Gamma_i - 1)} \qquad (5-29)$$

则由 $\bar{u}(x,y,z)$ 所描述的流场具有如下性质：

(1) 能够保持对所有冲突判定模型的不穿透特性。

(2) 在所有冲突判定模型外的任意一点都有非零的且指向原点的速度分量。

(3) 原点仍然是整个流场的唯一奇点。

5.4.4　解决驻点问题的附加控制力法

基于扰动流体的避撞方法存在驻点，如果无人机到达驻点的位置，则其运动速度为零，将一直停止在该点。

驻点现象与人工势场法中的局部极小情况有类似的地方，因此，参考解决局部极小问题的方法，我们从"力"的角度进行分析：u 为汇流的流速，考虑到汇流的特性，可以将该项看作目标点对无人机的"引力"；v 表示由于冲突判定模型的存在而对原流场产生的叠加流速，可将 v 看作冲突判定模型对于无人机的"斥力"。如图 5-23(a) 所示，在规划过程中，一旦发现 v 和 u 共线，即引入"附加控制力" uf，uf 满足如下两个条件：

$$uf \perp u \qquad (5-30)$$

$$\| uf \| = \| v \| \qquad (5-31)$$

一旦 uf 作用后，v 和 u 将不再共线，设 v 沿 uf 方向的分量为 vf，如图 5-23(b) 所示，因为 $\| vf \| = \| v \| \cos\theta = \| uf \| \cos\theta < \| uf \|$，所以三者的合力始终不为 0，避免了流线再次发生停滞。

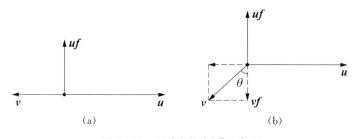

图 5-23　无人机"受力"示意图

(a) "引力"与"斥力"共线　　(b) "引力"与"斥力"不共线

由于三维避撞算法的特殊性,满足条件的 **uf** 分布在与 **u** 垂直的平面内,**uf** 的方向决定了无人机的避撞方向。如图 5-24 所示,若当前位置距离冲突判定模型左右边界较近,则 **uf** 沿水平方向;若当前位置距离冲突判定模型上边界较近,则 **uf** 沿竖直方向。

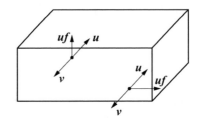

图 5-24　附加控制力方向示意图

5.4.5　基于遗传算法的反应系数优化

利用遗传算法对反应系数进行优化的具体步骤如下:

(1) 确定遗传算法最大迭代次数、反应系数 ρ^1,ρ^2,…,ρ^K 的允许范围。

(2) 确定参数编码方式和长度。每个参数均采用染色体长度(codeL)位二进制字符进行编码,故而染色体上基因总长度为 $K \times codeL$,记为 $P = p_1 p_2 \cdots p_{codeL}$。

(3) 随机产生 size 个个体,构成初始种群 $P_i(0)$,$i=1$,2,…,size。

(4) 计算种群中各个体的适应度函数值 F_i。

(5) 采用适应度比例选择法对个体进行选择,即根据个体 i 的适应度 F_i 占总适应度 $\sum F$ 的比例 $F_i / \sum F$ 确定该个体被选择复制的概率。

(6) 采用单点交叉和高斯变异算子对种群 $P_i(k)$ 进行遗传操作,产生下一代种群 $P_i(k+1)$。

(7) 重复步骤(4)~(6),直至参数连续 10 代不再发生变化或达到预先设定的最大迭代次数。

5.4.6　仿真分析

设无人机速度为(40 m/s,0 m/s),目标点位置为(0 m,0 m),飞机间最小安全距离为 100 m。迎面遭遇情况下,无人机位置为(3 000 m,0 m),入侵机初始位置为(500 m,0 m),速度为(40 m/s,0 m/s);追尾遭遇情况下,无人机初始位置为(3 000 m,0 m),入侵机初始位置为(4 000 m,0 m),速度为(60 m/s,0 m/s);正侧向遭遇情况下,无人机位置为(1 500 m,0 m),入侵机初始位置为(750 m,500 m),速度为(40 m/s,0 m/s);斜侧向遭遇情况下,无人机初始位置为(1 500 m,0 m),目标位置为(0 m,0 m),飞行速度为(-40 m/s,0 m/s),入侵机初始位置为(300 m,600 m),飞行速度为(30 m/s,-40 m/s)。

利用上述所给数据,分别进行无人机避撞仿真,仿真效果如图 5-25～图 5-28 所示。

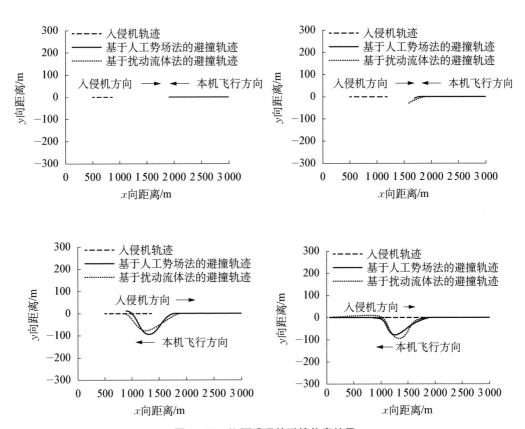

图 5-25 迎面遭遇的避撞仿真结果

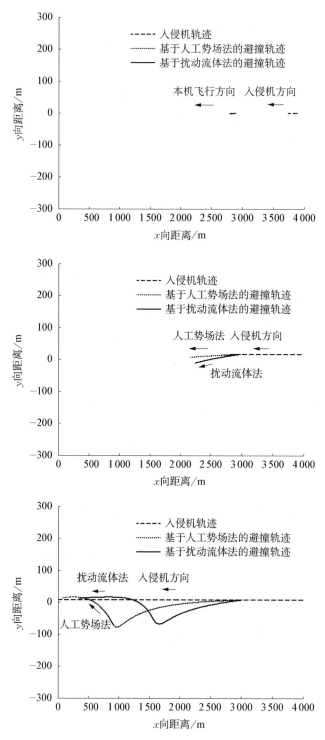

图 5-26 追尾遭遇的避撞仿真结果

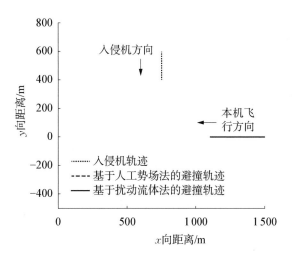

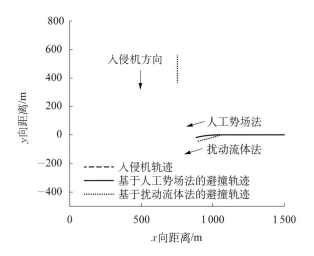

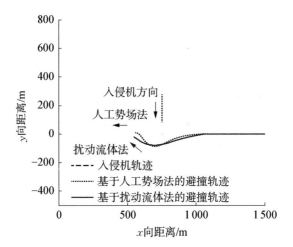

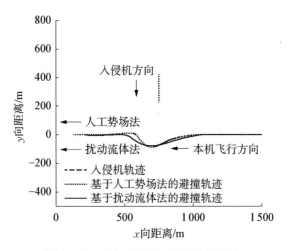

图 5-27 正侧向遭遇的避撞仿真结果

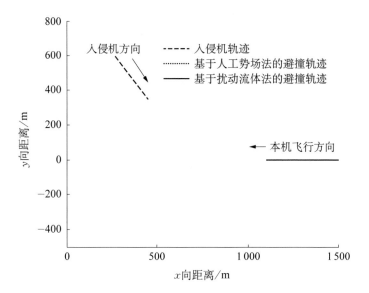

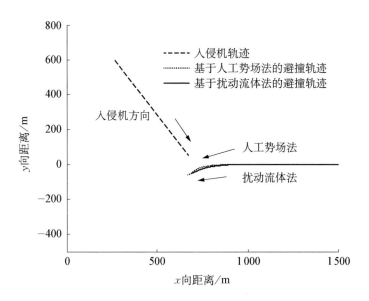

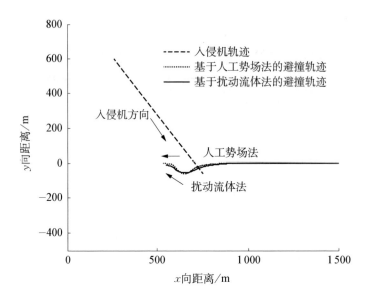

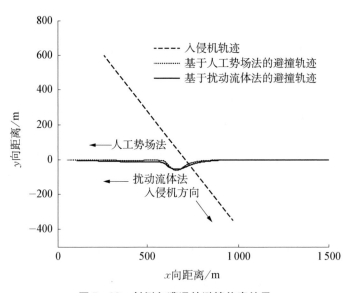

图 5-28 斜侧向遭遇的避撞仿真结果

由图 5 - 25~图 5 - 28 可以看出,在不同冲突条件下,无人机利用基于扰动流体的避撞算法均能成功避开入侵机。与传统的人工势场法相比,本文所提出的避撞算法反应较快,对原航路的改变较小,所规避的航向更加平滑,更适合无人机飞行。

5.5 基于改进流体扰动算法的无碰撞避障方法

5.5.1 安全区域模型

在无人机自主空中避撞问题中,为简化分析计算,通常将本机视为一个运动的质点,将入侵机视为一个附带三维安全区域的运动质点。

5.5.2 动态无碰撞航路规划

无人机无碰撞航路规划问题的实质就是实时动态地在避撞规划起点和目标航路点之间规划出一条满足约束条件且能避开入侵机所在三维安全区域的一系列航路点 $\{P_1, P_2, \cdots, P_n, P_d\}$。对于安全区域模型这里取

$$\Gamma(x, y, z) = \left(\frac{x - x_{\text{obs}}}{R}\right)^2 + \left(\frac{y - y_{\text{obs}}}{R}\right)^2 + \left(\frac{z - z_{\text{obs}}}{R}\right)^2$$

$$(5 - 32)$$

$[x_{\text{obs}} \quad y_{\text{obs}} \quad z_{\text{obs}}]^T$ 为安全模型中心,即入侵机当前位置,R 为安全区域半径,$\Gamma(x, y, z) = 1$ 即为安全区域的表面方程。

5.5.3 基于交互多模型的状态预测和冲突检测

1) 交互多模型算法

交互多模型(IMM)算法的基本思想是针对目标不同的运动状态使用不同的模型与之匹配,同时各个模型对应的滤波器并行工作,滤波器最终的估计结果为单独模型估计的加权和。

IMM 估计算法是递推的,每步递推主要由四步组成。

(1) 输入交互。通过输入交互,计算每个模型滤波器的初始状态估计和初始状态协方差估计,以该交互后得到的估计值作为各自滤波器的输入值。

(2) 模型条件滤波。模型条件滤波是在给定重初始化的状态和协方差的前

提下,在获得新的量测 Z_k 之后,进行状态估计更新。

（3）模型概率更新。利用滤波后的状态计算当前时刻模型概率的估计。

（4）估计融合。给出 k 时刻的总体估计和总体估计误差协方差阵。

2）状态预测

在对机动目标进行模型匹配跟踪后,将多模算法得到的模型概率 μ_k 用于待匹配模型之间的交互融合进而对机动目标的未来态势进行预测。假定考虑预测 N 步,则有

$$\hat{\boldsymbol{X}}_{k+j+1|k} = \sum_{i=1}^{n}\left[\boldsymbol{F}_k^{(i)}\hat{\boldsymbol{X}}_{k+j|k}^{(i)}\right]\mu_k^{(i)} \tag{5-33}$$

其中,$j=0,1,\cdots,N-1$。

3）改进的冲突检测算法

分别令 O 和 I 为本机和入侵机,两机当前时刻的位置和速度分别为 $\boldsymbol{P}_O$、$\boldsymbol{P}_I$ 和 $\boldsymbol{v}_O$、$\boldsymbol{v}_I$,$\Delta\boldsymbol{X}_0=\boldsymbol{P}_O-\boldsymbol{P}_I$,$\Delta\boldsymbol{v}=\boldsymbol{v}_O-\boldsymbol{v}_I$ 分别是本机 O 相对于入侵机 I 的相对位置和相对速度,将两机间冲突检测问题转换为两机间最小距离向量求解问题。

设入侵机以常值加速度 $\boldsymbol{a}$ 机动,则在当前时刻后的时刻 t 入侵机与本机相对距离向量表达式为

$$\Delta\boldsymbol{r}_t = \Delta\boldsymbol{X}_0 + \Delta\boldsymbol{v}t + \frac{1}{2}\boldsymbol{a}t^2 \tag{5-34}$$

则时刻 t 两机间相对距离 $\|\Delta\boldsymbol{r}_t\| = \sqrt{\Delta r_{tx}^2 + \Delta r_{ty}^2 + \Delta r_{tz}^2}$。当两机之间相对距离最短时有 $\dfrac{\mathrm{d}\|\Delta\boldsymbol{r}_t\|}{\mathrm{d}t} = 0$,求解此方程得到距离最短时对应的时间为 $t_{\min}$。则两机间最小距离向量为 $\Delta\boldsymbol{r}_{\min} = \Delta\boldsymbol{X}_0 + \Delta\boldsymbol{v}t_{\min} + \dfrac{1}{2}\boldsymbol{a}t_{\min}^2$,从而有如下定理。

定理 1　在三维环境中质点 O 以速度 $\boldsymbol{v}_O$ 匀速直线飞行,半径为 R 的球体 I 做匀加速飞行,初始速度为 $\boldsymbol{v}_I$,加速度为 $\boldsymbol{a}$,两机产生碰撞冲突当且仅当 $\|\Delta\boldsymbol{r}_{\min}\| \leqslant R$ 时。

5.5.4　基于改进流体扰动算法的无碰撞航路规划

1）改进流体扰动算法

为了解决上述驻点问题,考虑"附加控制"的方法,即当速度与入侵机安全模

型径向向量共线时,加入扰动矩阵,使修正后的速度偏离入侵机径向向量方向。取向量 $l_k = \begin{bmatrix} \dfrac{\partial \Gamma_k}{\partial y} & -\dfrac{\partial \Gamma_k}{\partial x} & 0 \end{bmatrix}^{\mathrm{T}}$ 则有 $l_k \perp n_k$,取"附加控制"矩阵为

$$M_k^{\perp}(x, y, z) = \frac{1}{\Gamma_k^{1/\sigma_k} n_k^{\mathrm{T}} n_k} (\tau_k l_k n_k^{\mathrm{T}}) \qquad (5-35)$$

式中,$\tau_k \in \{-1, 1\}$,其取值与避撞所处状态相关,避撞开始为正,避撞结束符号为负;变量 σ_k 与反应系数类似,其大小决定"附加控制"的强弱。最后得到改进的扰动矩阵为

$$M_k = I + \frac{1}{\Gamma_k^{1/\rho_k} n_k^{\mathrm{T}} n_k} (n_k^{\mathrm{T}} n_k \times I - 2 n_k n_k^{\mathrm{T}}) + \frac{1}{\Gamma_k^{1/\sigma_k} n_k^{\mathrm{T}} n_k} (\tau_k l_k n_k^{\mathrm{T}})$$

$$(5-36)$$

改进扰动矩阵作用下定义新的流场流速 $\bar{u}(x, y, z) = M(x, y, z) u(x, y, z)$。

2) 基于多模型预测的无碰撞航路规划

我们考虑在 N 步规划步长内,首先利用多模型预测算法实时预测入侵机未来的运动状态信息,然后采用流体扰动算法动态规划避撞航路,同时通过优化影响系数,寻找满足约束条件的局部最优航路。由于入侵机做机动飞行,因此预测步数越多将导致预测结果精度越低,所以只依据局部最优航路飞行一步,再如此循环,最终引导无人机完成避撞。本机避撞规划每一步流程如图 5-29 所示。

5.5.5 仿真结果及分析

假定无人机在执行飞行任务过程中做定高匀速直线飞行,高度 $h = 3\,000\ \mathrm{m}$,取本机规划起点 $P_0 = \begin{bmatrix} 6\,000\ \mathrm{m} & 0\ \mathrm{m} & 3\,000\ \mathrm{m} \end{bmatrix}^{\mathrm{T}}$,规划目标点 $P_d = \begin{bmatrix} 0\ \mathrm{m} & 0\ \mathrm{m} & 3\,000\ \mathrm{m} \end{bmatrix}^{\mathrm{T}}$。设定无人机初始飞行速度 $v_0 = \begin{bmatrix} -50\ \mathrm{m/s} & 0\ \mathrm{m/s} & 0\ \mathrm{m/s} \end{bmatrix}^{\mathrm{T}}$,即 $C = 50$,规划步长设为 $0.5\ \mathrm{s}$,反应系数 $\rho = 1$,$\sigma = 1$,入侵机的安全范围 $R = 200\ \mathrm{m}$。

取入侵机初始位置 $P_{\mathrm{obs}} = \begin{bmatrix} 1\,000\ \mathrm{m} & 2\,000\ \mathrm{m} & 2\,500\ \mathrm{m} \end{bmatrix}^{\mathrm{T}}$,且其运动速度 $v_{\mathrm{obs}} = \begin{bmatrix} 0\ \mathrm{m/s} & -30\ \mathrm{m/s} & 10\ \mathrm{m/s} \end{bmatrix}^{\mathrm{T}}$,即入侵机做匀速爬升飞行,仿真结果如图 5-30 所示。可看出本机能够及时做出三维躲避机动,且避撞轨迹平滑无明显的

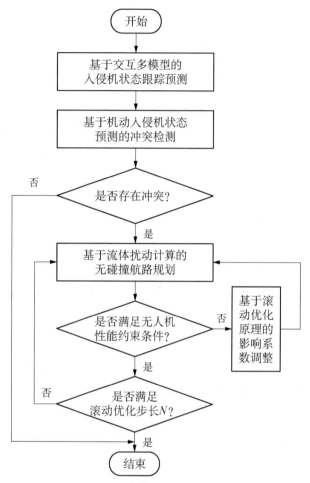

图 5‑29　当前时刻避撞规划流程

拐点。同时对于不同的反应系数其躲避时机明显不同,反应系数越大,躲避机动发生得越早。取避撞规划起点为 $\boldsymbol{P}_0 = [3\,000\,\text{m} \quad 3\,000\,\text{m} \quad 3\,000\,\text{m}]^{\text{T}}$,其余初始条件与前述一致,同时采用 IFDS 算法、人工势场法以及快速扩展随机树(RRT)算法进行避撞规划,仿真结果如图 5‑31 和图 5‑32 所示。3 种规划方法仿真结果对比如表 5‑5 所示。由表 5‑5 可知 IFDS 算法和人工势场法规划出的避撞航路比 RRT 算法规划出的航路更短、更平滑且算法耗时更短。

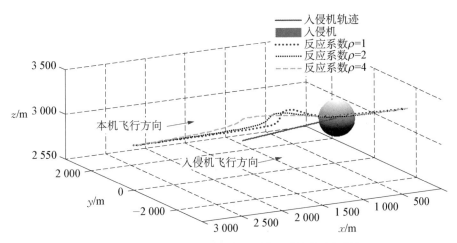

图 5‑30 基于 IFDS 的单机三维无碰撞航路规划

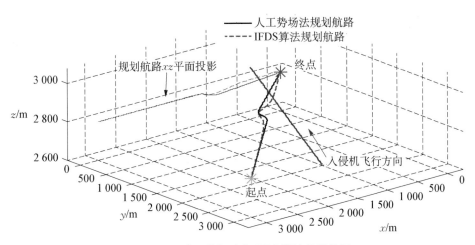

图 5‑31 人工势场法和 IFDS 算法仿真结果

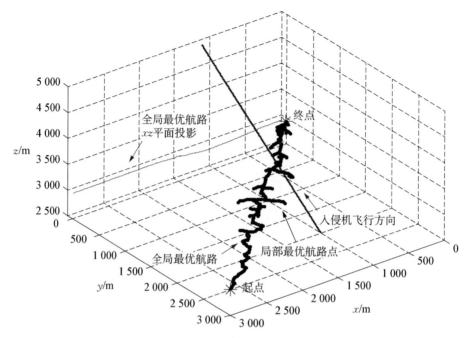

图 5-32 基于 RRT 算法的避撞规划

表 5-5 不同避撞规划算法性能对比

规划算法	航路长度/ 理论最短航路/m	全局平滑度 /(°)	单步避撞规划耗时 /ms
IFDS	4 383/4 243	4.03	2.82
人工势场法	4 472/4 243	6.96	1.58
RRT	4 924/4 243	19.65	9.43

5.6 基于多模型的快速航路预估和备选航路集生成

5.6.1 无人机碰撞定义

在获得传感器感知信息以后,需要无人机系统能够对是否将会发生碰撞做出检测,并预估出可能发生碰撞的轨迹,产生出备选航路,为后续的防撞动作提供依据。

$$A = \{ \min_{t_0 \leqslant t \leqslant t_0 + T} \| s_x(t), s_y(t) \|_2 \leqslant R_1 \bigcap s_z(t) \leqslant R_2 \} \tag{5-37}$$

式中，t_0 是预测起始时间；T 是预测时间；$s_x(t)$、$s_y(t)$ 和 $s_z(t)$ 分别是两架飞机的相对横向、纵向以及垂直方向距离；R_1 和 R_2 是以无人机为中心的安全半径，取值为 $R_1 = 5$ n mile 以及 $R_2 = 1\,000$ ft。

碰撞函数定义如下：

$$I_A(\omega) = \begin{cases} 1, & \omega \in A \\ 0, & \omega \notin A \end{cases} \tag{5-38}$$

式中，ω 是碰撞检测结果，I_A 是示性函数，用于表示事件 A 发生的次数，因此，当入侵飞机进入无人机安全区域时，可以认为碰撞发生。

5.6.2 基于贝叶斯风险的碰撞检测

根据上述对于无人机与入侵飞机间的碰撞，需要估计并且预测无人机与入侵飞机之间的状态。我们假设无人机按照预先设定的航路点进行飞行，多种测量传感器可以用作目标跟踪，目标跟踪算法可以估计出入侵飞机的状态。

设预测的主机与入侵飞机间相对状态向量为 $\boldsymbol{X}_r(t)$（$t_0 \leqslant t \leqslant t_0 + T$），这个向量可以通过 t_0 时刻主机与入侵飞机间的相对信息递推得到，因此式（5-38）可以表示为

$$I_A[\boldsymbol{X}_r(t)] = \begin{cases} 1, & \boldsymbol{X}_r(t) \in A \\ 0, & \boldsymbol{X}_r(t) \notin A \end{cases} \tag{5-39}$$

此时，碰撞检测可以看成是一个假设检验问题，其中，零假设 H_0 和备择假设 H_1 如下：

$$\begin{aligned} H_0 &: I_A[\boldsymbol{X}_r(t)] = 0 \\ H_1 &: I_A[\boldsymbol{X}_r(t)] = 1 \end{aligned} \tag{5-40}$$

为解决二元假设问题，我们采用基于最小贝叶斯风险的方法，贝叶斯风险定义如下：

$$\Re = \sum_{i=0}^{1} \sum_{j=0}^{1} c_{ij} P(H_i \mid H_j) P(H_j) \tag{5-41}$$

式中，c_{ij} 是假设 H_j 为真，结果是 H_i 时的损失函数；$P(H_j)$ 是假设 H_j 的先验概率。假设 $P[\boldsymbol{X}_r(t)|\boldsymbol{Y}_{0:t_0}]$ 是基于当前量测 $\boldsymbol{Y}_{0:t_0}$ 下相对轨迹预测的后验概率密度函数，并且假设 $c_{10} > c_{00}$，$c_{01} > c_{11}$，于是基于最小贝叶斯风险的检测函数

$\lambda(\boldsymbol{Y}_{0:t_0})$ 如下：

$$\lambda(\boldsymbol{Y}_{0:t_0}) = \frac{P(\boldsymbol{Y}_{0:t_0} \mid H_1)}{P(\boldsymbol{Y}_{0:t_0} \mid H_0)}$$

$$= \frac{P\{\boldsymbol{Y}_{0:t_0} \mid I_A[\boldsymbol{X}_r(t)]=1\} > H_1}{P\{\boldsymbol{Y}_{0:t_0} \mid I_A[\boldsymbol{X}_r(t)]=0\} < H_0} \frac{(c_{10}-c_{00})P(H_0)}{(c_{01}-c_{11})P(H_1)} = \gamma$$

$$(5-42)$$

式中，γ 是检测门限，取决于损失函数以及假设的先验概率；$\lambda(\boldsymbol{Y}_{0:t_0})$ 是假设的条件似然比；$P(\boldsymbol{Y}_{0:t_0} \mid H_j)(j=0,1)$ 是量测与假设之间的似然函数，根据贝叶斯定理，可以得到

$$P(H_j \mid \boldsymbol{Y}_{0:t_0}) = \frac{P(\boldsymbol{Y}_{0:t_0} \mid H_j)P(H_j)}{P(\boldsymbol{Y}_{0:t_0})} \qquad (5-43)$$

式中，分母 $P(\boldsymbol{Y}_{0:t_0})$ 可以写成

$$P(\boldsymbol{Y}_{0:t_0}) = \sum_i P(\boldsymbol{Y}_{0:t_0} \mid H_i)P(H_i) \qquad (5-44)$$

将式(5-43)代入式(5-42)，可得

$$\lambda(\boldsymbol{Y}_{0:t_0}) = \frac{P(H_1 \mid \boldsymbol{Y}_{0:t_0})}{P(H_0 \mid \boldsymbol{Y}_{0:t_0})} = \frac{P\{I_A[\boldsymbol{X}_r(t)]=1 \mid \boldsymbol{Y}_{0:t_0}\} > H_1}{P\{I_A[\boldsymbol{X}_r(t)]=0 \mid \boldsymbol{Y}_{0:t_0}\} < H_0} \frac{(c_{10}-c_{00})}{(c_{01}-c_{11})}$$

$$(5-45)$$

因此，检测函数 $\lambda(\boldsymbol{Y}_{0:t_0})$ 转换成了后验概率密度函数比的形式。此时，检测门限仅取决于损失函数。可以根据实际情况来选取损失函数。

5.6.3　基于多模型的动态轨迹预估与备选航路生成

1）基于多模型的动态轨迹预估

我们假设模型集合包含 R 个入侵飞机可能的机动模型，模型集合定义如下：

$$M = \{M_k\}_{k=1}^R \qquad (5-46)$$

并且在 t_0 时刻第 k 跟踪模型可以表示为

$$M_k(t_0) \triangleq \{M(t_0)=M_k\} \qquad (5-47)$$

因此 $P[\boldsymbol{X}_r(t_0)|\boldsymbol{Y}_{0:t_0}, M_k]$ 是基于模型 k 的相对状态后验概率密度函数。经过 1 步预测，相对状态预测的后验概率密度分布可以表示为

$$P[\boldsymbol{X}_r^{(n)}(t_0+l) \mid \boldsymbol{Y}_{0:t_0}, M^{l,n}] \tag{5-48}$$

式中，$M^{l,n}(n=1, \cdots, R^l)$ 表示一组模型序列，每一组模型序列包含 $l-1$ 次的模型转换；$\boldsymbol{X}_r^{(n)}(t_0+l)$ 是 l 时刻无人机与入侵飞机之间的相对位置向量，n 表示第 n 个模型序列。

2）预估轨迹优化方法

（1）基于几何法的预测轨迹优化方法。

令 $\boldsymbol{X}_{\text{host}}$ 和 $\boldsymbol{X}_{\text{intruder}}^{(n)}$ 表示无人机的预测位置和入侵飞机的第 n 个预测位置，另外，$\boldsymbol{V}_{\text{host}}$ 和 $\boldsymbol{V}_{\text{intruder}}^{(n)}$ 表示与预测位置相对应的预测速度，因此，预测的相对位置和速度如下：

$$\boldsymbol{X}_r^{(n)}=\boldsymbol{X}_{\text{host}}-\boldsymbol{X}_{\text{intruder}}^{(n)} \tag{5-49}$$

$$\boldsymbol{V}_r^{(n)}=\boldsymbol{V}_{\text{intruder}}^{(n)}-\boldsymbol{V}_{\text{host}} \tag{5-50}$$

而预测的无人机与入侵机间的相对距离 $\text{Dist}_r^{(n)}$，相对位置方位角 $\alpha_r^{(n)}$，以及相对位置俯仰角 $\sigma_r^{(n)}$ 如下：

$$\text{Dist}_r^{(n)}=\parallel \boldsymbol{X}_r^{(n)}\parallel_2 \tag{5-51}$$

$$\alpha_r^{(n)}=\arctan\left[\frac{X_{rY}^{(n)}}{X_{rX}^{(n)}}\right] \tag{5-52}$$

$$\sigma_r^{(n)}(t_0+l)=\arctan\left\{\frac{X_{rZ}^{(n)}}{\sqrt{[X_{rX}^{(n)}]^2+[X_{rY}^{(n)}]^2}}\right\} \tag{5-53}$$

式中，$\boldsymbol{X}_r^{(n)}=[X_{rX}^{(n)} \quad X_{rY}^{(n)} \quad X_{rZ}^{(n)}]$。同时，预测的无人机与入侵机间的相对速度 $\text{Vel}_r^{(n)}$，相对速度方位角 $\alpha_V^{(n)}$ 和相对速度俯仰角 $\sigma_V^{(n)}$ 如下：

$$\text{Vel}_r^{(n)}=\parallel \boldsymbol{V}_r^{(n)}\parallel_2 \tag{5-54}$$

$$\alpha_V^{(n)}=\arctan\left[\frac{V_{rY}^{(n)}}{V_{rX}^{(n)}}\right] \tag{5-55}$$

$$\sigma_V^{(n)}=\arctan\left\{\frac{V_{rZ}^{(n)}}{\sqrt{[V_{rX}^{(n)}]^2+[V_{rY}^{(n)}]^2}}\right\} \tag{5-56}$$

式中，$\boldsymbol{V}_r^{(n)} = \begin{bmatrix} V_{rX}^{(n)} & V_{rY}^{(n)} & V_{rZ}^{(n)} \end{bmatrix}$。

因此，预测的两架飞机间在水平面上最小分离距离 $d_{\min}^H$ 为

$$d_{\min}^H = \begin{cases} \mathrm{Dist}_r^{(n)}, & |\alpha_r^{(n)} - \alpha_V^{(n)}| > 90° \\ \mathrm{Dist}_r^{(n)} \sin[\alpha_r^{(n)} - \alpha_V^{(n)}] \end{cases} \quad (5-57)$$

相应地，预测的两架飞机间在最小垂直方向上的分离距离 $d_{\min}^V$ 为

$$d_{\min}^H = \begin{cases} \mathrm{Dist}_r^{(n)}, & |\sigma_r^{(n)} - \sigma_V^{(n)}| > 90° \\ \mathrm{Dist}_r^{(n)} \sin[\sigma_r^{(n)} - \sigma_V^{(n)}] \end{cases} \quad (5-58)$$

图 5-33 表示在水平面中的情况。

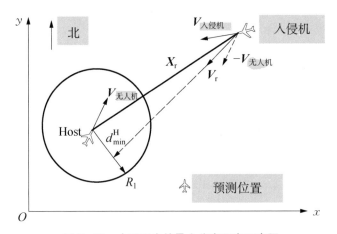

图 5-33 水平面中的最小分离距离示意图

如上所述，R_1 和 R_2 是无人机的安全半径。当 $d_{\min}^H < R_1$ 或 $d_{\min}^V < R_2$ 时，表明碰撞可能发生。也就是说，入侵飞机第 n 条轨迹可能与无人机发生碰撞，而当 $d_{\min}^H$ 或 $d_{\min}^V$ 大于安全半径时，可以认为碰撞不会发生，可以将这条轨迹剔除。

（2）预测轨迹优化策略。

尽管基于几何优化方法可以有效地减少预测轨迹数量，但是当无人机与入侵飞机逐渐靠近时，由于模型跳转频率过快，会出现计算量增大以及计算精度下降两个问题。

因此，我们采用预测轨迹优化策略，设定模型的跳转周期大于相对状态预测的周期，例如，我们假设预测周期为 T_p（1 s），而模型转换周期为 T_s，那么，在预测时间内模型跳转次数为

$$N_s = \frac{T_p}{T_s} \times T \tag{5-59}$$

式中，T 是预测时间。对于不同的预测时间和模型数，重点在于如何确定合适的 N_s。

令 T_f 表示一次碰撞检测算法执行完成时刻，$T_f = t_0 + T$。碰撞算法的终止条件可以设置为 $P[\boldsymbol{X}_r^{(n)}(T_f)] > 95\%$。假设 $P[\boldsymbol{X}_r^{(n)}(T_f)]$ 在达到终止条件之前，碰撞检测算法执行了 N_T 次，并且 $P[\boldsymbol{X}_r^{(n)}(T_{f|i})](i=1,\cdots,N_T)$ 表示当碰撞检测算法运行第 i 次时，在 T_f 时刻的碰撞概率。因此，可以用两个变量来选择合适的 N_s，第一个变量是碰撞概率的增长率，记为 $S(T_{f|i})$，其定义如下：

$$S(T_{f|i}) = \frac{P[\boldsymbol{X}_r^{(n)}(T_{f|i})] - P[\boldsymbol{X}_r^{(n)}(T_{f|i-1})]}{\Delta t} \tag{5-60}$$

式中，Δt 表示碰撞检测算法的运行周期。第二个变量是 T_f 的预测轨迹数目，记为 $\lambda(T_{f|i})$，$i=1,\cdots,N_T$。

考虑到蒙特卡洛积分的精度以及碰撞检测算法的执行效率，以下两个准则用于选择合适的 N_s：

a. 碰撞概率的增长率 $S(T_{f|i}) \geqslant 0$ 或 $S(T_{f|i}) \leqslant 0$，$i=1,\cdots,N_T$。

b. 预测轨迹数目 wp_1，wp_3。

5.6.4 仿真结果

设定无人机与入侵飞机的相遇角度为 $60°$，并且假定碰撞肯定会发生，而碰撞时间大约是 $240\ s$，此处仅考虑在水平面上的碰撞，相对位置预测时间是 $180\ s$。仿真步长是 $1\ s$。考虑 3 种机动模型，匀速运动模型（CV），加速运动模型（CA），以及协调转弯模型（CT），并假设一组协调转弯角速度 $\{w_i, i=1,\cdots,n\}$，用于描述入侵飞机可能的转弯机动。

由图 5-34 可知，当轨迹预测时间是 $180\ s$，仿真时间在 $35\ s$ 左右时，碰撞概率开始逐渐增加，$45\ s$ 左右满足碰撞判定函数，仿真时间达到 $60\ s$ 时，概率达到 1，说明随着仿真时间的增加，算法能够有效地检测出碰撞。仿真还比较了模型跳转次数 N_s 对于碰撞概率曲线的影响，当 N_s 等于 10 或者 12 时，满足碰撞条件的时间，即检测出碰撞的时间越短，同时预测轨迹数量越少。但是，较小的样本数量会影响蒙特卡洛积分的精度，当 N_s 等于 10 或者 12 时，最终预测轨迹的数量分别是 996 和 5 712，这会使碰撞概率曲线不够平滑，易出现波动，此时碰撞

概率的增长率 $S(T_{f|i})$ 不满足判定条件。但当 N_s 等于 18 或者 20 时,虽然碰撞概率曲线比较平滑,但是最终的预测轨迹数量是 361 950 和 1 635 936,很难满足实时性的要求,最终的预测轨迹数量不满足判定条件,另外,此时满足碰撞判定函数的时刻也较晚,综上所述,在这个仿真场景下,$N_s=15$ 是合理的模型跳转次数。

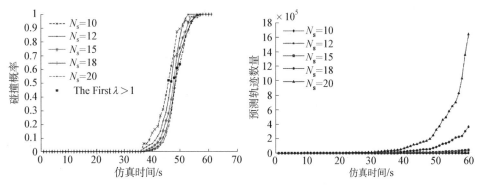

图 5-34 不同 N_s 对于碰撞概率与预测轨迹数目的影响($\phi=60°$)

5.6.5 本节小结

多模型轨迹预测方法能够动态获得两架飞机发生碰撞的所有可能轨迹。通过对模型跳转频率的调整,解决了在预测轨迹优化策略中预测轨迹呈指数增加的问题,降低了计算量,有效提高了碰撞概率计算精度。仿真实验验证了不同模型跳转次数对于碰撞概率与预测轨迹数量的影响,为避障碰撞预测提供了理论依据。

5.7 基于改进 RRT 方法的应急机动控制与飞行管理决策

5.7.1 建立避障管理决策模型

以飞机为圆心,一定距离由远及近依次划分重新规划区域、应急机动区域和危险区域 3 种决策区域。3 个区域的范围大小是由本机和障碍的相对速度、大小尺寸等因素决定的。在感知规避的不同阶段,对障碍物建立不同的运动模型。

实时避障过程考虑的无人机的动力学约束主要包括如下几方面。

(1) 最小飞行高度 H。

（2）最大航程。

（3）最大俯仰角 γ。本机在三维航路规划时爬升俯冲飞行时必须考虑俯仰角的约束。

（4）最大偏航角 η。

（5）最远视距 F。这项参数决定了本机在按预定航迹飞行时发现未知障碍的最远距离。

（6）最小直飞距离 L。最小直飞距离决定了本机在改变飞行姿态之前必须直飞的最短距离，由无人机的特性决定。

（7）最小避障安全距离。最小安全避障距离是本机从开始规避到避开障碍所需的最小距离，由本机和障碍的体积以及它们之间的相对速度决定。

5.7.2 RRT 的改进策略

基本 RRT 方法会导致规划出来的航迹具有随机性，其性能不可控，因此，我们提出如下改进策略。

1）改进随机点的选择方式

如图 5-35 所示，以二维平面状态空间为例，在进行 RRT 节点扩展时，采用多重随机采样策略，从未搜索的区域内产生一组随机采样点 x_{rand}^{k}，$k \in \{1,$ $2, \cdots, N\}$，然后以 x_{rand}^{k} 为目标点，分别计算临时节点 x_{temp}^{k}。

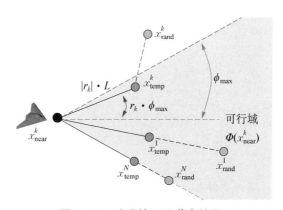

图 5-35 改进的 RRT 节点扩展

2）引入航迹评价启发信息

在计算出随机节点 x_{rand}^{k} 和临时节点 x_{temp}^{k} 后，选择新增叶节点 x_{new} 时，引入启发式评价函数，根据 x_{rand}^{k} 和 x_{temp}^{k} 所对应搜索图上的目标确定性值以及到目

标点的距离，通过计算每个 x_{temp}^k 节点到终点 x_{goal} 的搜索增益 $J_{\text{T}}(x_{\text{temp}}^k)$ 和估计距离 $J_{\text{D}}(x_{\text{temp}}^k)$，选择目标确定度增加最大、距离目标点最近的临时节点作为新增节点 x_{new} 加入扩展树。

这样，以搜索增益和估计距离为启发信息，能够保证扩展随机树的构建过程既可以绕过障碍和威胁，又能以较小的代价朝着目标点方向生长，从而使得规划出来的航迹接近最优。

3) RRT 冗余节点剪裁

RRT 方法本质上是一种随机方法，不可避免地会产生很多密集且冗余的节点。为了符合无人机飞行需求，需要对冗余节点进行裁减。

设经过 RRT 算法求解的原始节点序列为 $\{wp_1, \cdots, wp_N\}$，将经过冗余节点剪裁后的节点序列集合记为 ϕ，令 $j=N$，则基本的节点剪裁过程如下：首先将 wp_j 添加到 ϕ，然后对于 $i \in \{1, \cdots, j-1\}$，循环检查 (wp_i, wp_j) 之间的连线是否存在障碍或者威胁，如果存在，则令 $i=i+1$；否则，只要检测出第一个没有障碍的节点 wp_i，就停止循环，令 $j=i$，并将 wp_i 加入 ϕ。重复上述循环过程，直到 $j=1$ 时结束。裁减效果如图 5-36 所示，经过剪裁后的航迹点数为 5。

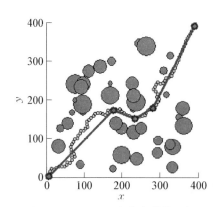

图 5-36   RRT 冗余节点剪裁示例

4) 基于 DP 的航迹平滑

通过 RRT 冗余节点裁减，可以去除不必要的航迹点，但无法保证最终的航迹能够满足无人机的实际飞行要求。为此，如图 5-37 所示，我们采用了基于 DP 的航迹平滑方法。

在图 5-37 中，航迹点 wp_1、wp_2、wp_3 连线的夹角为 α，当 $180-\alpha$ 大于无人机最大转弯角 η_{max} 时，需要对航迹进行平滑。基本的 DP 平滑计算方法如下：

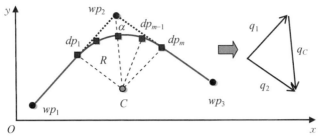

图 5-37　基于 DP 的航迹平滑示意图

设无人机的最小转弯半径为 R，此时首先计算 wp_1 与 wp_2 以及 wp_2 与 wp_3 之间的单位向量 q_1、q_2，进一步可计算出 wp_2 到圆心 C 的单位向量 q_C，如下式所示。

$$q_1 = \frac{wp_2 - wp_1}{\|wp_2 - wp_1\|}, \quad q_2 = \frac{wp_3 - wp_2}{\|wp_3 - wp_2\|}, \quad q_C = \frac{q_2 - q_1}{\|q_2 - q_1\|}$$

$$(5-61)$$

接着可以计算 wp_1、wp_2、wp_3 连线的内接圆圆心 C。

$$C = wp_2 + R \frac{1}{\sin\left(\frac{\alpha}{2}\right)} q_C \qquad (5-62)$$

确定了圆心 C 后，对内接弧的角度为 $180-\alpha$ 进行 m 等分，就可以计算出弧上的 m 个航迹点 dp_1, dp_2, …, dp_m，将这些航路点插入 wp_1 和 wp_3 之间，即可实现基于 DP 的平滑航迹。

5.7.3　仿真实验

1）改进 RRT 方法不同采样数下的实验结果

图 5-38 显示了改进 RRT 方法的规划时间和扩展节点数在不同采样数下，10 次算法仿真实验结果的统计平均值。可以看出：在采样数小于 30 时，随着采样数量的增加，改进 RRT 方法的规划时间逐渐减少，扩展节点数也逐渐减少，当采样数在 30 附近时，算法的平均规划时间达到最低点，为 75.71 ms。随着采样数进一步增加，算法的计算量也逐渐增大，计算时间又逐渐上升，由此可见，改进 RRT 方法的采样数并非越多越好。

2）任务目标动态变化的实验结果

改进 RRT 方法在任务目标动态变化情况下的实验结果如图 5-39 所示。

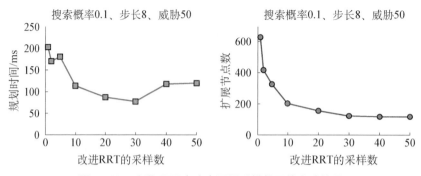

图 5-38　改进 RRT 方法在不同采样数下的实验结果

在飞行过程中,任务目标发生动态变化,此时,无人机针对任务需求,在线重规划出一条从当前目标点到新目标点的航迹,规划时间为 22 ms,新规划出来的航迹代价为 323.175,扩展节点数为 123。实验结果表明:改进 RRT 方法具备快速重规划能力,能够适应环境和任务的动态变化。

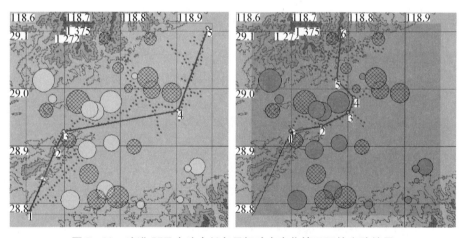

图 5-39　改进 RRT 方法在任务目标动态变化情况下的实验结果

5.7.4　本节小结

针对 RRT 方法随机性太强,且不适用于轨迹预测的缺点,采用邻近点思想对其进行了改进。仿真实验验证了算法在不确定、动态环境中较好的鲁棒性和自适应性,能够有效应用于无人机动态规划和安全管理决策。

5.8　基于相对角度估计的无人机避障方法

5.8.1　问题描述

1) 几何关系描述

定义无人机自身坐标体系为 b，无人机的质心定义为 O_b。前向方向 X_b 指向相机的方向，Z_b 垂直于电机旋转平面，方向朝上。世界坐标系 e 用轴 X_e、Y_e、Z_e 定义，Z_e 指向下方。欧拉角定义为偏航角 Ψ，滚转角 Φ，俯仰角 θ，用来描述四旋翼在世界坐标系中的姿态关系。本方法中，假设光轴的原点 O_l 与质心坐标 O_b 重合，光轴与坐标轴 Y_b 重合。在像平面中，图像中心定义为 O_l。

根据小孔相机模型，将障碍物的坐标从相机坐标系中转换到图像坐标系中。假设障碍物在相机坐标系的质心 P 的坐标为 (x_o, y_o, z_o)，在像平面坐标系中图像坐标为 (u, v)，则障碍物的质心坐标转换关系为

$$\begin{bmatrix} u \\ v \\ 1 \end{bmatrix} = \begin{bmatrix} k_x & k_s & u_0 \\ 0 & k_y & v_0 \\ 0 & 0 & 1 \end{bmatrix} \begin{bmatrix} x_o/z_o \\ y_o/z_o \\ 1 \end{bmatrix} \tag{5-63}$$

式中，(x_i, y_j)、k_s 和 k_y 是相机参数，(u_0, v_0) 是相机中心坐标。

若障碍物质心 P 在 $X_b O_b Y_b$ 平面的投影定义为 P_o，则 $O_b P_o$ 和光轴之间的相对角度定义为

$$\alpha = \arctan\left(\frac{x_o}{y_o}\right) \tag{5-64}$$

为了使无人机完全避开障碍区，本方法定义了一个最大障碍区，此障碍区选择一个长方形区域，中心为 (u, v)，则该区域定义为

$$\{I_o(x, y) \mid x \in [x_{\min}, x_{\max}], y \in [y_{\min}, y_{\max}]\}$$

则该障碍物的 4 个顶点在相机坐标系中的坐标为

$$\left\{ \begin{array}{l} (x_{o\_\min}, y_{o\_\min}, z_{o\_1}), (x_{o\_\min}, y_{o\_\max}, z_{o\_2}), \\ (x_{o\_\max}, y_{o\_\min}, z_{o\_3}), (x_{o\_\max}, y_{o\_\max}, z_{o\_4}) \end{array} \right\}$$

式中，x/z 和 y/z 的值可以根据小孔相机模型得到。

4 个顶点坐标和光轴之间的角度定义为

$$\begin{cases} \alpha_1 = \arctan\left(\dfrac{x_{o\_min}}{y_{o\_min}}\right), & \alpha_2 = \arctan\left(\dfrac{x_{o\_min}}{y_{o\_max}}\right) \\ \alpha_3 = \arctan\left(\dfrac{x_{o\_max}}{y_{o\_min}}\right), & \alpha_4 = \arctan\left(\dfrac{x_{o\_max}}{y_{o\_max}}\right) \end{cases}$$

根据以上式子,计算相对角度的关键点是获得障碍物的图像质心坐标。

2) 相对角度计算

如果障碍物出现在无人机的视野中,参考偏航角度可以根据障碍物与飞机的相对位置关系计算出来,如图 5 - 40 所示。本方法所采用的避障原则是使得障碍物尽快逃离无人机的视野。因此,根据障碍物的质心图像坐标,选择从图像边缘到障碍区的图像像素距离作为参考标准来判断障碍物是否已经逃离出视野。

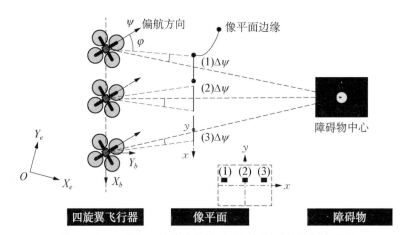

图 5 - 40   二维平面的障碍物相对关系与相对偏航角度定义

旋翼机的自身偏航角度为 Ψ,如果无人机成功避开障碍物,则障碍物逃离视野的边界条件为障碍物区边缘图像坐标位于像平面的边缘上。

像平面的成像区域定义为

$$\{I(x, y) \mid x \in (u_0 - w, u_0 + w), y \in (v_0 - i, v_0 + l)\} \qquad (5-65)$$

式中,w 是图像的宽度;l 是图像的长度;(u_0, v_0) 是像平面的中心。则得到相对角度计算关系如下。

（1）如果 $u < u_0$,则有

$$\Delta\psi = \alpha - \varphi = \left| \arctan\left(\dfrac{y_o}{x_{o\_max}}\right) - \arctan\left(\dfrac{y_o}{x_p}\right) \right| \qquad (5-66)$$

（2）如果 $u = u_0$，则有

$$\Delta\psi = \alpha - \varphi = \frac{\pi}{2} - \arctan\left(\frac{y_o}{x_p}\right) \quad\quad (5-67)$$

（3）如果 $u > u_0$，则有

$$\Delta\psi = \alpha - \varphi = \left|\arctan\left(\frac{y_o}{x_{o\_min}}\right) - \arctan\left(\frac{y_o}{x_p}\right)\right| \quad\quad (5-68)$$

3）偏航控制器设计

偏航控制器主要采用 PD 控制器，目标是产生期望的偏航控制指令使得无人机实现偏航避让的功能。基于相对的偏航角度 $\Delta\psi$ 的 PD 控制器定义为

$$u_\psi = k_{p\psi}\Delta\psi + k_{d\psi}\dot{\Delta\psi} \quad\quad (5-69)$$

$k_{p\psi}$、$k_{d\psi}$ 分别为比例系数和积分系数，则下一个控制周期产生的偏航角度为

$$\psi_{t+\Delta t} = \psi_t + u_\psi \quad\quad (5-70)$$

式中，Δt 是控制频率。

5.8.2 碰撞检测算法

本方法主要利用离散余弦变换实现显著性区域的检测。假如图像的背景存在大片的重复区域，且障碍物体是唯一的，则背景的幅值谱比障碍物目标的幅值谱要尖锐。离散余弦变换的定义为

$$F(p, q) = \alpha_p\alpha_q \sum_{i=0}^{m-1}\sum_{j=0}^{n-1} I(i, j)\cos\frac{(2i+1)p\pi}{2m}\cos\frac{(2j+1)q\pi}{2n},$$
$$0 \leqslant p \leqslant m-1$$
$$0 \leqslant q \leqslant n-1 \quad\quad (5-71)$$

式中，$I(i, j)$ 为离散数字图像，$\alpha_p = \begin{cases} \dfrac{1}{\sqrt{m}}, & p=0 \\[2mm] \dfrac{2}{\sqrt{m}}, & 1 \leqslant p \leqslant m-1 \end{cases}$，$\alpha_q = $

$\begin{cases} \dfrac{1}{\sqrt{n}}, & q=0 \\[2mm] \dfrac{2}{\sqrt{n}}, & 1 \leqslant q \leqslant n-1 \end{cases}$。

变换后的图像系数的绝对值逐渐变小，能量主要集中在低频部分。而人眼对低频分量比较敏感，对高频分量则不太敏感。低频系数体现目标的轮廓和灰度分布特性，高频系数体现了目标形状的细节。

对于变换后的图像进行符号运算，筛选出感兴趣的区域。符号运算的定义为

$$F(i,j)_{\text{SIGN}} = \begin{cases} -1, & F(i,j) > 0 \\ 0, & F(i,j) = 0 \\ 1, & F(i,j) < 0 \end{cases} \tag{5-72}$$

离散余弦反变换，将筛选后的图像变换到原来的形式：

$$I(i,j)_{\text{IDCT}} = \sum_{p=0}^{m-1} \sum_{q=0}^{n-1} \alpha_p \alpha_q F(p,q)_{\text{SIGN}} \cos \frac{(2i+1)p\pi}{2m} \cos \frac{(2j+1)q\pi}{2n}$$
$$\tag{5-73}$$

高斯卷积运算，主要对于变换后的图像进行平滑操作：

$$I(i,j)_G = I(i,j)_{\text{IDCT}} * G(i,j,\sigma) \tag{5-74}$$

$$G(i,j,\sigma) = \frac{1}{2\pi\sigma^2} e^{-\frac{(i^2+j^2)}{2\sigma^2}} \tag{5-75}$$

式中，σ 为高斯核方差参数。

获取了障碍物的显著性图像之后，需要在显著图像中实现对障碍物的定位。该过程主要采用两个步骤：像素筛选和位置结算，其定义方式如下。

$I(i,j)_G$ 为得到的显著性图源，设定阈值 δ。筛选障碍物显著的区域，得到保留障碍物位置的筛选图 $S(i,j)_\delta$，所采用的阈值判断运算为

$$S(i,j)_\delta = \begin{cases} 0, & I(i,j)_G < \delta \\ I(i,j)_G, & I(i,j)_G \geqslant \delta \end{cases} \tag{5-76}$$

对于筛选图 $S(i,j)_\delta$，为了获取针对障碍物的一个相对确切的图像坐标 $(x_{\text{out}}, y_{\text{out}})$。采用平均运算算子，其定义方式如下：

$$\begin{cases} x_{\text{out}} = \dfrac{1}{n} \sum_{i=1}^{m} x_i \\ y_{\text{out}} = \dfrac{1}{n} \sum_{j=1}^{n} y_j \end{cases} \tag{5-77}$$

式中，n 为筛选图 $S(i,j)_\delta$ 中非 0 像素的个数；(x_i,y_j) 为筛选图 $S(i,j)_\delta$ 中

的图像坐标。

5.8.3 实验设计及结果分析

1) 系统架构

实验采用 AR. Drone 作为研究的无人机平台。所有的控制命令和图像都可以通过 WiFi 进行发送。AR. Drone 搭载的机载 HD 相机，视野范围为 92°，图像分辨率为 640 像素×360 像素，图像采样频率为 30 fps[①]。软件解算平台采用 ROS 平台。整个系统架构如图 5-41 所示。

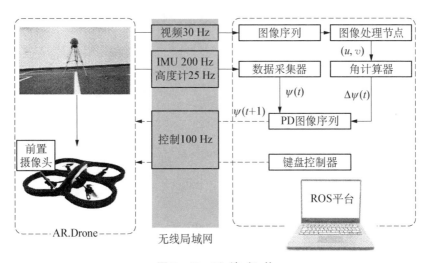

图 5-41 系 统 架 构

2) 避障实验

本方法主要采用 AR. Drone 做室内的障碍物避障实验。旋翼机的避障控制主要采用偏航控制，实现对于固定障碍物的规避。旋翼机一旦起飞，人工控制旋翼机实现避障功能，在此过程中，记录图像和 IMU 信息。通过利用人工控制无人机实现避障功能，采集的 IMU 数据可以为方法验证得到一组参考值。图 5-42 所示为通过本方法提出的检测、解算算法得到的障碍物与旋翼机之间的相对位置角度。图 5-43 展示了利用本方法提出的图像质心坐标解算算法与控制算法得到的偏航角度与实际人工操控的偏航角度的对比结果。从图中可以看出，偏航角度在初始 8 s 相对变化趋势稳定，在 9 s 左右出现大的偏航动作。

---

① 速度单位，1 fps=0. 304 m/s。

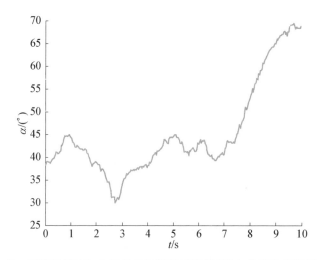

图 5‑42　显著性算法和几何关系计算得到的障碍物与旋翼机间的相对角度

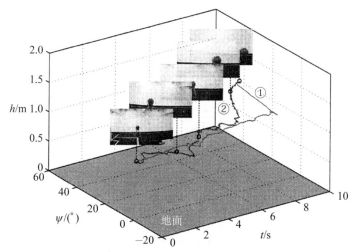

图 5‑43　本方法与实际飞行偏航角度比较

注:②号曲线为本方法计算得到的偏航角度;①号曲线为人为控制记录的偏航角度。

5.9　小结

　　本章主要研究的是无人机的自动避障路径规划技术,运用算法研究和系统建模分析对无人机的自动避障进行了分析和设计,对其碰撞区域和避障策略进行了研究,对不同环境和不同状态下无人机的避障方法进行了优化和改进,以便无人机可以在各种情况下合理有效地避障。

参│考│文│献 ···

[1] 彭良福,林云松.机载防撞系统水平防撞模型的建模与仿真[J].空军工程大学学报(自然科学版),2010,11(4):16-20.

[2] 刘畅,王宏伦,姚鹏,等.面向空中威胁的无人机动态碰撞区建模与分析[J].北京航空航天大学学报,2015,41(7):1231-1238.

[3] 许敬刚,王宏伦,刘畅,等.无人机动态避撞区建模方法研究[J].电光与控制,2014,21(12):30-35.

[4] 黄玉清,梁靓.机器人导航系统中的路径规划算法[J].微计算机信息,2006,22(20):259-261.

[5] 唐贤伦,姜吉杰,虞继敏,等.一种基于改进粒子群算法的多移动机器人编队控制方法:201410076572.8[P].2014-03-04.

[6] 甄然,甄士博,吴学礼.一种基于人工势场的无人机航迹规划算法[J].河北科技大学学报,2017,38(3):278-284.

[7] 曹梦磊,王宏伦,梁宵.采用改进流函数法的无人机航路规划[J].电光与控制,2012,19(2):1-4,16.

[8] 王宏伦,姚鹏,梁宵,等.基于流水避石原理的无人机三维航路规划[J].电光与控制,2015,22(10):1-6.

[9] 雷玉鹏,王宏伦,刘畅,等.基于扰动流体的无人机空中自主避撞算法[J].电光与控制,2016,23(2):6-10.

[10] 李擎,王丽君,陈博,等.一种基于遗传算法参数优化的改进人工势场法[J].北京科技大学学报,2012,34(2):202-206.

[11] 杨盘洪,朱军祥,赵建安,等.机动目标跟踪的模糊变结构交互多模算法[C]//中国仪器仪表与测控技术交流大会,2007.

[12] 彭辉,王林,沈林成.区域目标搜索中基于改进RRT的UAV实时航迹规划[J].国防科技大学学报,2009,31(5):86-91.

[13] 尹高扬,周绍磊,吴青坡.无人机快速三维航迹规划算法[J].西北工业大学学报,2016,34(4):564-570.

[14] 胡天江,马兆伟,沈镒峰,等.一种基于图像显著性的无人机自主着陆目标检测方法:201410796642.7[P].2015-03-11.

[15] Krajník T, Vonásek V, Fišer D, et al. AR-drone as a platform for robotic research and education [J]. Communications in Computer & Information Science, 2011, 161: 172-186.

6 基于路径规避的无人机机动控制

四旋翼无人机系统是一个多变量、欠驱动、多输入的耦合非线性系统。对于同时具有这些特征的一个复杂系统，要实现对其准确操纵，其控制系统就显得尤为重要。目前关于四旋翼无人机的控制，国内外一些专家和学者提出了很多控制方法，包括反步法（backstepping）、滑模变结构控制、自适应控制等多种复杂算法。然而这些方法多停留在理论分析和数值仿真上。

在研究四旋翼无人机控制算法之前，首先必须建立无人机系统的力学模型。本章针对四旋翼无人机的飞行控制问题，首先介绍系统建模的基本方法：选取影响飞行器运动的关键受力和力矩，再根据相应的物理定律建立飞行器的动力学方程，对飞控系统进行了结构分析，接着依次设计了姿态控制器和位置控制，最后将所设计的控制器分别进行数值仿真和实际飞行测试，以验证所设计控制器的有效性。

6.1 四旋翼无人机系统模型构建

常见的动力学系统建模方法有牛顿力学方法和分析力学方法两种。牛顿力学建模时物理概念清晰，分析力学建模方法过程简单。考虑到利用分析力学建模时拉格朗日算子 L 的表达式相对复杂，使用拉格朗日第二方程建模时容易丢项从而出错，因此选用牛顿力学方法建模。具体包括运动学建模和动力学建模。建模时，选择本体坐标系与地面惯性坐标系的相对关系来描述载体的姿态，如图 6-1 所示。

为方便分析建模，在这里给出如下假设：

地球为标准球体，参考地面为标准水平面。

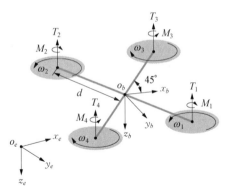

图 6-1 四旋翼飞行器的受力和力矩情况

系统的质量分布均匀,质心在其几何中心。

载机平台和螺旋桨为刚性体。

空气流速是 0,空气对螺旋桨的反作用力与机载平台完全垂直且大小与螺旋桨转速的平方成正比。

螺旋桨与电机主轴之间的摩擦、空气对机体的摩擦等忽略不计。

考虑到四元数的优点和实际飞行中存在大角度机动等实际情况,本文采用四元数描述来建立无人机系统的姿态动力学模型。状态变量包括无人机质心相对于惯性坐标系原点的相对位置 $\boldsymbol{X} = \begin{bmatrix} x & y & z \end{bmatrix}^{\mathrm{T}}$ 和由四元数描述的姿态 $\boldsymbol{q} = \begin{bmatrix} q_0 & q_1 & q_2 & q_3 \end{bmatrix}$。

6.1.1 运动学建模

运动学描述的是系统状态变量 $\boldsymbol{X} = \begin{bmatrix} x & y & z \end{bmatrix}^{\mathrm{T}}$ 和 $\boldsymbol{q} = \begin{bmatrix} q_0 & q_1 & q_2 & q_3 \end{bmatrix}$ 随时间的变化关系。

对于系统的平动运动学,根据速度的定义,显然有

$$\dot{\boldsymbol{X}} = \boldsymbol{V}$$

式中,$\boldsymbol{V} = \begin{bmatrix} u & v & w \end{bmatrix}^{\mathrm{T}} \in \boldsymbol{E}^I$ 为无人机相对于惯性系的速度。

对于用四元数描述的系统姿态,其运动学方程即为四元数微分方程,如下式所示:

$$\dot{\boldsymbol{q}} = \frac{1}{2} \Xi(\boldsymbol{\omega}) \otimes \boldsymbol{q} \qquad (6-1)$$

$$\Xi(\boldsymbol{\omega}) = \begin{bmatrix} 0 & -\omega_x & -\omega_y & -\omega_x \\ \omega_x & 0 & \omega_z & -\omega_y \\ \omega_y & -\omega_z & 0 & \omega_x \\ \omega_z & \omega_y & -\omega_x & 0 \end{bmatrix} \tag{6-2}$$

式中,$\boldsymbol{\omega} = [\omega_x \quad \omega_y \quad \omega_z]^T$ 为相对于本体系的角速度向量。

6.1.2 动力学建模

要对四旋翼飞行器进行力学和飞行动力学的模型构建,而联立数学模型的基本方法就是要将四旋翼飞行器的飞行影响因素一一分析出来,其中主要包括力矩和受力情况,然后根据力矩和受力情况建立其相应的数学方程。飞行器的受力和力矩情况如图 6-1 所示。

动力学模型表征系统速度与外作用力和角速度与外作用力矩之间的关系。线运动的动力学模型根据牛顿第二定律,可得平动动力学方程为

$$\ddot{\boldsymbol{X}} = g \begin{pmatrix} 0 \\ 0 \\ 1 \end{pmatrix} - \boldsymbol{R}(\boldsymbol{q}) \frac{b}{m} \sum_{i=1}^{4} \omega_i^2 \begin{pmatrix} 0 \\ 0 \\ 1 \end{pmatrix} \tag{6-3}$$

式中,$\boldsymbol{R}(\boldsymbol{q})$ 为从本体系到惯性系的旋转矩阵,其表达形式如下:

$$\boldsymbol{R}(\boldsymbol{q}) = \begin{bmatrix} q_0^2 + q_1^2 - q_2^2 - q_3^2 & 2(q_0q_3 - q_2q_1) & 2(q_1q_3 + q_0q_2) \\ 2(q_1q_2 + q_0q_3) & q_0^2 + q_1^2 - q_2^2 - q_3^2 & 2(q_2q_3 - q_0q_1) \\ 2(q_1q_3 - q_0q_2) & 2(q_2q_3 + q_0q_1) & q_0^2 + q_1^2 - q_2^2 - q_3^2 \end{bmatrix}$$
$$\tag{6-4}$$

在进行角运动动力学建模前,首先按下式定义控制输入:

$$\begin{cases} u_1 = b(\omega_1^2 + \omega_2^2 + \omega_3^2 + \omega_4^2) \\ u_2 = b(\omega_4^2 - \omega_2^2) \\ u_3 = b(\omega_3^2 - \omega_1^2) \\ u_4 = k(\omega_2^2 + \omega_4^2 - \omega_1^2 - \omega_3^2) \end{cases} \tag{6-5}$$

式中,$b > 0$,为螺旋桨的升力系数,该数大小与空气密度、螺旋桨叶数、螺距等诸因素有关,根据实际测试查表;$k > 0$,为扭矩系数,对应于电机产生的反作用力矩。

根据动量矩定理,并考虑到坐标系之间的转换和相对导数,得到姿态动力学模型为

$$(J\boldsymbol{\omega})' = J\dot{\boldsymbol{\omega}} + \boldsymbol{\omega}^{\times} J\boldsymbol{\omega} = \boldsymbol{\tau} + \boldsymbol{d} = \begin{bmatrix} u_2 l \\ u_3 l \\ u_4 \end{bmatrix} + \boldsymbol{d} \qquad (6-6)$$

式中,$\boldsymbol{J} = \begin{bmatrix} J_{xx} & -J_{xy} & -J_{xz} \\ -J_{xy} & J_{yy} & -J_{yz} \\ -J_{xz} & -J_{yz} & J_{zz} \end{bmatrix}$,为系统的转动惯量矩阵,根据前文假设系统质量分布是对称的,因此转动惯量矩阵的非对角元素等于零;本章定义任意向量 $\boldsymbol{a} = \begin{bmatrix} a_1 & a_2 & a_3 \end{bmatrix}^T \in \mathbf{R}^3$ 的叉乘矩阵 $[a^{\times}] = \begin{bmatrix} 0 & -a_3 & a_2 \\ a_3 & 0 & -a_1 \\ -a_2 & a_1 & 0 \end{bmatrix}$,$\boldsymbol{\tau} = \begin{bmatrix} u_2 l \\ u_3 l \\ u_4 \end{bmatrix}$,为控制力矩;$l$ 为四旋翼的臂长;$\boldsymbol{d}$ 为干扰力矩,包括内部的陀螺力矩、外界干扰力矩等。

6.2 飞行控制系统分析

在四旋翼无人机系统中,飞行控制系统的功能是实时接收来自航姿参考系统的航姿信息,以及运行系统的飞行控制算法,解算出给各执行机构的控制量并驱动电机按期望规律运转。作为四旋翼无人机的"大脑",其飞行控制系统的组成如图 6-2 所示。其被控对象显然为无人机,被控量为姿态和位置;执行机构为电机;控制器包含姿态控制器和位置控制器;反馈信号包括实时姿态信息和位置信息,则由航姿参考系统提供。

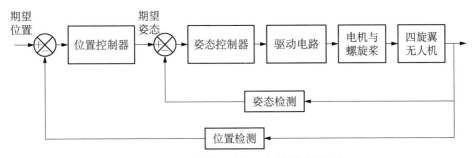

图 6-2   四旋翼无人机飞行控制系统组成

从图中可以看出,在整个四旋翼无人机飞行控制系统中,姿态控制构成控制系统的内环,位置控制为外环。位置控制的实现,首先需要计算出改变飞行状态的期望姿态,再将其作为姿态控制回路的参考输入,完成姿态控制后再完成位置控制。因此本章首先开展姿态控制器的设计,再进行位置控制器的设计。

6.3 姿态控制器设计

由于四旋翼无人机是一个高动态系统,快速有效的姿态控制是整个系统正常工作的前提,也是进一步实现位置控制或更高级功能的基础。6.1 节给出了四旋翼无人机系统的数学模型,其中姿态运动学和姿态动力学模型已由式(6-1)和式(6-6)给出,将两式联立即得到完整系统模型为

$$\begin{cases} (\boldsymbol{J\omega})' = \boldsymbol{J\dot{\omega}} + \boldsymbol{\omega}^{\times}\boldsymbol{J\omega} = \boldsymbol{\tau}_{\mathrm{d}} + \boldsymbol{d} = \begin{bmatrix} u_2 l \\ u_3 l \\ u_4 \end{bmatrix} + \boldsymbol{d} \\ \dot{\boldsymbol{q}} = \dfrac{1}{2}\boldsymbol{\Xi}(\boldsymbol{\omega}) \otimes \boldsymbol{q} \end{cases} \tag{6-7}$$

式中,$\boldsymbol{\tau}_{\mathrm{d}}$ 为期望控制力矩。从上式中可以看出,系统姿态的控制是通过控制俯仰、滚转和偏航 3 个方向的力矩来实现的。而在实际系统中,这几个控制量的实现是通过调整电机的转速实现的,因此还存在一个控制量的分配问题。定义直接控制量为

$$\boldsymbol{u} = \begin{bmatrix} \omega_1^2 & \omega_2^2 & \omega_3^2 & \omega_4^2 \end{bmatrix}^{\mathrm{T}} \tag{6-8}$$

则式(6-7)中的首式变换为

$$\boldsymbol{J\dot{\omega}} = -\boldsymbol{\omega}^{\times}\boldsymbol{J\omega} + \boldsymbol{Bu} + \boldsymbol{d} \tag{6-9}$$

其中,输入矩阵 $\boldsymbol{B}$,则有

$$\boldsymbol{B} = \begin{bmatrix} 0 & -bl & 0 & bl \\ -bl & 0 & bl & 0 \\ -k & k & -k & k \end{bmatrix} \tag{6-10}$$

显然,矩阵 $\boldsymbol{B}$ 不存在可逆阵。为方便设计,并考虑到飞行时的期望升力 F_{d},在进行姿态控制时,对期望力矩进行扩围,加入期望升力。即有

$$
\begin{bmatrix} \boldsymbol{\tau}_d \\ F_d \end{bmatrix} = \boldsymbol{B}'\boldsymbol{u} = \begin{bmatrix} b & b & b & b \\ 0 & -bl & 0 & bl \\ -bl & 0 & bl & 0 \\ -k & k & -k & k \end{bmatrix} \boldsymbol{u} \qquad (6-11)
$$

从前文的分析中可知,电机和螺旋桨组成的执行机构存在死区和饱和特性以及综合升力特性和扭转特性,将死区和饱和特性分别选定为 1.20 ms 和 1.65 ms。将这些综合之后,在 Matlab/Simulink 工具下,搭建了系统的仿真模型,如图 6-3 所示。图中依次为偏差计算、控制器、控制分配、执行机构特性、姿态动力学模型和姿态运动学模型。

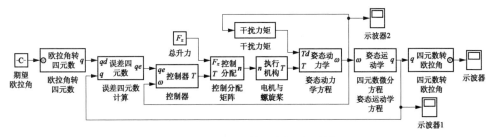

图 6-3　Simulink 下的姿态控制系统框图

6.3.1　PD 姿态控制器设计

PID 控制具有结构和原理简单、易于实现、实用性强、鲁棒性较好等优点,是使用最广泛的一种控制器。通常 PID 控制器包括比例单元、积分单元和微分单元三部分。比例单元用以放大偏差,提高系统开环增益,减小稳态误差,提高控制精度,但过大会降低系统稳定性;积分单元用以对偏差积分,消除稳态误差,但是过大会增大超调,降低稳定性,过小又使调整时间过长;微分单元用以判断偏差变化趋势,改善系统的动态特性。

基于 PID 控制器的简单易用性,本章首先考虑采用 PID 控制进行设计。由于四旋翼无人机本身是个动不稳定系统,若加入积分项,则会使系统的稳定性降低,增加系统设计难度。此外,在飞行过程中,由于螺旋桨旋转会使得机体存在振动,因而测量结果会不可避免地存在噪声,这会导致控制器很难实现无差,如果使用 PID 控制,容易出现积分饱和。为避免出现这种情况,本章最终选用 PD 控制器来设计姿态控制器。

在闭环控制系统中,反馈的目的是为进行系统修正提供参考,将其与期望指令进行比较得到偏差。由于本章基于四元数进行控制器设计,在进行 PD 控制器设计之前,给出误差四元数的概念。定义 $\boldsymbol{q}_\mathrm{d}$ 为期望四元数,$\boldsymbol{q}$ 为实时的四元数反馈量,则误差四元数 $\boldsymbol{q}_\mathrm{e}$ 按下式给出:

$$\boldsymbol{q}_\mathrm{e} = \boldsymbol{q}_\mathrm{d} \otimes \boldsymbol{q}^* \tag{6-12}$$

式中,$\boldsymbol{q}_\mathrm{e} = [q_{e0} \quad q_{e1} \quad q_{e2} \quad q_{e3}]^\mathrm{T}$。

得到误差四元数之后,给出基于四元数的 PD 控制器如下式所示。其中比例项对应的是误差四元数的复数部分;微分项对应误差的一阶项,为了减小微分对噪声的放大作用,本章采用的是基于误差微分和角速度反馈的组合。

$$\begin{cases} \tau_1 = k_{p1} q_{e1} + k_{d1}[\alpha \dot{q}_{e1} + (1-\alpha)\omega_x] \\ \tau_2 = k_{p2} q_{e2} + k_{d2}[\alpha \dot{q}_{e2} + (1-\alpha)\omega_y] \\ \tau_3 = k_{p3} q_{e3} + k_{d3}[\alpha \dot{q}_{e3} + (1-\alpha)\omega_z] \end{cases} \tag{6-13}$$

式中,k_{p1}、k_{p2}、k_{p3}、k_{d1}、k_{d2}、k_{d3} 为各轴上的 PD 参数;q_{e1}、q_{e2}、q_{e3} 为误差四元数中的复数部分;$\dot{q}_{e1}$、$\dot{q}_{e2}$、$\dot{q}_{e3}$ 为误差四元数中复数部分的微分;$\alpha \in [0, 1]$ 是权系数;ω_x、ω_y、ω_z 为各轴上反馈的角速度。

为了便于在嵌入式系统中运行,将式(6-13)中的微分项进行差分运算,则有

$$\begin{cases} \tau_1(k) = k_{p1} q_{e1}(k) + k_{d1}\left\{\dfrac{\alpha}{\Delta t}[q_{e1}(k) - q_{e1}(k-1)] + (1-\alpha)\omega_x(k)\right\} \\[2mm] \tau_2(k) = k_{p2} q_{e2}(k) + k_{d2}\left\{\dfrac{\alpha}{\Delta t}[q_{e2}(k) - q_{e2}(k-1)] + (1-\alpha)\omega_y(k)\right\} \\[2mm] \tau_3(k) = k_{p3} q_{e3}(k) + k_{d3}\left\{\dfrac{\alpha}{\Delta t}[q_{e3}(k) - q_{e3}(k-1)] + (1-\alpha)\omega_z(k)\right\} \end{cases}$$
$$\tag{6-14}$$

式中,$\tau_i(k)$ 为 k 时刻施加到 i 轴上的力矩;$q_{ei}(k)$ 为 k 时刻误差四元数的第 i 项;$q_{ei}(k-1)$ 为 $k-1$ 时刻误差四元数的第 i 项($i=1, 2, 3$);Δt 为采样周期,具体对应嵌入式系统程序中的定时器中断时间的时长。

6.3.2 滑模姿态控制器设计

在实际情况中,无人机上的设备安装和载荷质量分配与理想情况存在差别。

6.1 节进行系统建模时，也做出了诸多假设。随着载荷的变化和飞行情况的改变，系统参数存在不确定性。在飞行过程中，各螺旋桨之间的作用力与力矩也存在相互耦合，且耦合程度也跟随外部环境和飞行状态的改变而变化，存在不确定性。另外，飞行时，无人机还受环境中风力和阻力的影响。这些都对控制器的设计提出了挑战。虽然传统的 PID 控制器具有一定的鲁棒性，但是在设计时并未考虑这些不确定性。在存在外界干扰和自身参数不确定的情况下，PID 控制器的作用减弱，这使得其作用受到限制，甚至使系统不能稳定工作。从之后的调试结果也可以看出，PID 控制器在存在干扰和参数不确定性的情况下，系统的动态性能和稳态精度都不是特别好。因此有必要设计一种抗干扰能力强且对系统模型参数不确定性不敏感的控制器。

由于滑动模态对系统的干扰和参数摄动具有"完全自适应"的突出优点，近年来，滑模控制受到人们的广泛关注。作为一种非线性的控制，滑模控制是在预先设计好的切换流形邻域内，被控状态轨迹的速度向量总是指向该切换流形，强迫系统的状态变量沿着人为规定的相轨迹滑到期望点。由于给定的相轨迹与控制对象参数和外部干扰无关，因而在滑模面上运动时系统具有更快的响应速度和更好的鲁棒性。

考虑系统参数的不确定性为

$$J = J_0 + \Delta J \tag{6-15}$$

式中，J 为真实的转动惯量矩阵，是一个常量；J_0 为名义转动惯量矩阵；ΔJ 为转动惯量矩阵的不确定性。将式(6-14)代入式(6-9)得到

$$(J_0 + \Delta J)\dot{\boldsymbol{\omega}} = -\boldsymbol{\omega}^{\times}(J_0 + \Delta J)\boldsymbol{\omega} + \boldsymbol{B}\boldsymbol{u} + \boldsymbol{d} \tag{6-16}$$

记四元数 $\boldsymbol{q}$ 的复数部分为 $\boldsymbol{q}_{\mathrm{p}} = \begin{bmatrix} q_1 & q_2 & q_3 \end{bmatrix}^{\mathrm{T}}$，则由式(6-1)有

$$\dot{\boldsymbol{q}} = \boldsymbol{Q}\boldsymbol{\omega} \tag{6-17}$$

式中，$\boldsymbol{Q} = q_0 \boldsymbol{I} + \boldsymbol{q}^{\times}$。

设计滑模面如下式：

$$\boldsymbol{s} = \dot{\boldsymbol{q}}_{\varepsilon} + \boldsymbol{K}\boldsymbol{q}_{\varepsilon} = 0 \tag{6-18}$$

式中，$\boldsymbol{q}_{\varepsilon} = \boldsymbol{q}_{d\mathrm{p}} - \boldsymbol{q}_{\mathrm{p}}$，即期望四元数的复数部分与实时反馈四元数的复数部分之间的偏差，显然，当系统达到控制目标时 $\boldsymbol{q}_{\varepsilon} \to 0$，$\boldsymbol{K} \in \mathbf{R}^3$ 为正定对角阵。

对式(6-18)两端求导并结合式(6-13)和式(6-16)，得到

$$\dot{s} = \ddot{q}_\varepsilon + K\dot{q}_\varepsilon = \ddot{q}_{dp} - \ddot{q}_p + K\dot{q}_\varepsilon$$

$$= \ddot{q}_{dp} - \frac{1}{2}\dot{q}_0\omega + \frac{1}{2}QJ^{-1}\omega^\times J\omega - \frac{1}{2}QJ^{-1}Bu + \frac{1}{2}QJ^{-1}d + K\dot{q}_\varepsilon$$

$$(6-19)$$

构造 Lyapunov 函数 V 为

$$V = \frac{1}{2}s^T J Q^{-1}, \ s > 0 \qquad\qquad (6-20)$$

式中,在定义域内 JQ^{-1} 为对称正定阵。对式(6-20)求导有

$$\dot{V} = s^T\left(JQ^{-1}\ddot{q}_{dp} - \frac{1}{2}JQ^{-1}\dot{q}_0\omega + \frac{1}{2}\omega^\times J\omega - \frac{1}{2}Bu - \frac{1}{2}d + JQ^{-1}K\dot{q}_\varepsilon + JQ^{-1}\dot{s}\right)$$

$$(6-21)$$

取控制量 u,则有

$$u = B^{-1}(2J_0 Q^{-1}\ddot{q}_{dp} - J_0 Q^{-1}\dot{q}_0\omega + \omega^\times J_0\omega + 2J_0 Q^{-1}K\dot{q}_\varepsilon + 2J_0 \dot{Q}^{-1}s) + 2L\mathrm{sgn}(s)$$

$$(6-22)$$

式中,$L = [L_1 \quad L_2 \quad L_3]^T$, sgn 为符号函数。将式(6-22)代入式(6-21)中有

$$\dot{V} = s^T\left[\Delta J Q^{-1}\ddot{q}_{dp} - \frac{1}{2}\Delta J Q^{-1}\dot{q}_0\omega + \frac{1}{2}\omega^\times \Delta J\omega + \Delta J Q^{-1}K\dot{q}_\varepsilon + \Delta J\dot{Q}^{-1}s + \frac{1}{2}d + L\mathrm{sgn}(s)\right]$$

$$= s^T[\gamma - L\mathrm{sgn}(s)] = \sum_{i=1}^{3}s_i[\gamma_i - L_i\mathrm{sgn}(s_i)]$$

$$= \sum_{i=1}^{3} - L_i \mid s_i \mid \left[1 - \frac{\gamma_i}{L_i}\mathrm{sgn}(s_i)\right]$$

$$(6-23)$$

式中,

$$\gamma = [\gamma_1 \quad \gamma_2 \quad \gamma_3]^T$$

$$= \Delta J Q^{-1}\ddot{q}_{dp} - \frac{1}{2}JQ^{-1}\dot{q}_0\omega + \frac{1}{2}\omega^\times + \Delta J\omega + \Delta J Q^{-1}K\dot{q}_\varepsilon + \Delta J Q^{-1}s + \frac{1}{2}d$$

$$(6-24)$$

由于外部干扰和参数不确定性都是有界的,于是 $|\gamma_i|$ 存在上确界,记 $|\gamma_i|$ 的上确界为 $\gamma_i^{\max}$,选 $L_i = \gamma_i^{\max}(i=1, 2, 3)$,则有

$$\dot{V} = -\sum_{i=1}^{3} \gamma_i^{\max} \mid s_i \mid \left[1 - \frac{\gamma_i}{\gamma_i^{\max}} \mathrm{sgn}(s_i) \right] < 0, \quad s \neq 0 \qquad (6-25)$$

如此,由式(6-22)给出的控制量满足系统稳定要求,系统姿态运动最终跟随期望姿态在设计的滑模面上运动。

在实际系统中,为了消除由式(6-25)中符号函数引起的颤振,利用下式所示的饱和函数替代符号函数。

$$\mathrm{sat}(s, \phi) \begin{cases} 1, & s > \phi \\ \dfrac{s}{\phi}, & \mid s \mid < \phi \\ -1, & s < -\phi \end{cases} \qquad (6-26)$$

6.4 位置控制器设计

使用位置控制器的目的是为了使四旋翼无人机可以快速而准确地按给定轨迹进行飞行。由图6-2可知,作为外环路,位置回路首先需要计算得到所需的姿态角,然后由姿态回路实现姿态跟踪,进而实现位置跟踪控制。系统的位置方程由下式表示:

$$\begin{cases} \ddot{\boldsymbol{X}} = \boldsymbol{g} \begin{pmatrix} 0 \\ 0 \\ 1 \end{pmatrix} - \boldsymbol{R}(\boldsymbol{q}) \dfrac{b}{m} \sum_{i=1}^{4} \omega_i^2 \begin{pmatrix} 0 \\ 0 \\ 1 \end{pmatrix} \\ \dot{\boldsymbol{X}} = \boldsymbol{V} \end{cases} \qquad (6-27)$$

位置控制器采用PID控制。记期望位置为 $\boldsymbol{X}_\mathrm{d} = [x_\mathrm{d} \quad y_\mathrm{d} \quad z_\mathrm{d}]^\mathrm{T}$,期望速度为 $\boldsymbol{V}_\mathrm{d} = [u_\mathrm{d} \quad v_\mathrm{d} \quad w_\mathrm{d}]^\mathrm{T}$,$\boldsymbol{X} = [x \quad y \quad z]^\mathrm{T}$ 为实时反馈的位置,$\boldsymbol{V} = [u \quad v \quad w]^\mathrm{T}$ 为实时反馈的速度,基于PID控制的控制量由下式表示:

$$\begin{cases} U_x = k_{px} e_x + k_{lx} \displaystyle\int e_x \, \mathrm{d}t + k_{Dx} e_{\dot{x}} \\ U_y = k_{py} e_y + k_{ly} \displaystyle\int e_y \, \mathrm{d}t + k_{Dy} e_{\dot{y}} \\ U_z = k_{pz} e_z + k_{lz} \displaystyle\int e_z \, \mathrm{d}t + k_{Dz} e_{\dot{z}} \end{cases} \qquad (6-28)$$

式中，k_{pi}，k_{Ii}，k_{Di}，$i=x$，y，z 分别对应 x，y，z 方向上的 PID 参数。$e_i = i_d - i$，$i=x$，y，z 为位置误差，$\dot{e}_i = \dot{i}_d - \dot{i}$，$i=x$，$y$，$z$ 为速度误差。

6.5　飞行控制系统调试

6.5.1　姿态控制器调试

为了验证本章所设计的控制器的合理性与有效性，首先利用 Matlab/Simulink 工具箱进行仿真分析，并对控制器中的参数进行调试。在通过仿真分析之后，将所设计控制器编程，加载到物理系统中进行实际测试。系统中各实测参数如表 6-1 所示。

表 6-1　四旋翼无人机姿态模型参数实测表

参 数 名 称	参 数
升力系数/(N/ms)	7.44
悬臂长度/m	0.25
扭转力矩系数/(N·m/ms)	0.164 4
俯仰转动惯量(kg·m²)	0.008 646 08
滚转转动惯量(kg·m²)	0.008 646 08
偏航转动惯量(kg·m²)	0.016 000 92

仿真时，设外界干扰如下：

$$\boldsymbol{d}=\begin{bmatrix}d_1\\d_2\\d_3\end{bmatrix}=\begin{cases}-0.003+0.003\cos(0.01t)-0.004\,5\sin(0.02t)+0.003\omega_x\cos(0.015t)\\0.006+0.045\sin(0.01t)-0.006\cos(0.02t)-0.006\omega_y\sin(0.015t)\\-0.006+0.006\sin(0.01t)-0.004\,5\cos(0.02t)-0.003\omega_z\sin(0.015t)\end{cases}$$

$$(6-29)$$

对 5.8 节提出 PD 控制器进行调试，选取初始姿态角为 $[45°\ -30°\ 60°]$，期望姿态角为 $[0°\ 0°\ 0°]$，控制参数为 $k_{p1}=k_{p2}=-110$，$k_{d1}=k_{d2}=-0.852$，$k_{d3}=-0.5$，权系数 $\alpha=0.35$ 时进行仿真分析。

图 6-4 所示为 PD 控制时，经控制分配后给各电机的 PWM 信号的脉宽时间，显然可见的是，给各电机的脉冲指令均为 1.20～1.65 ms，符合系统饱和特性和死区特性对控制的限制。从图中可以看出，在 4 s 之后，分配给各电机的

PWM 信号脉宽均收敛到 1.2 ms 上,系统进入稳态。

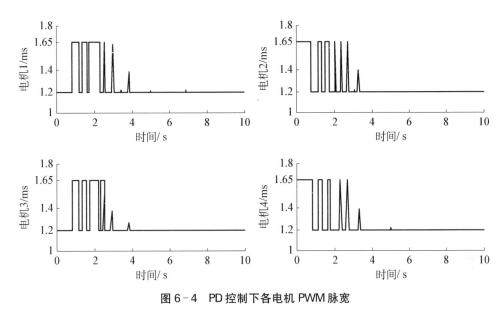

图 6-4 PD 控制下各电机 PWM 脉宽

图 6-5 所示为 PD 控制下,各轴上实测的姿态角响应的仿真曲线。

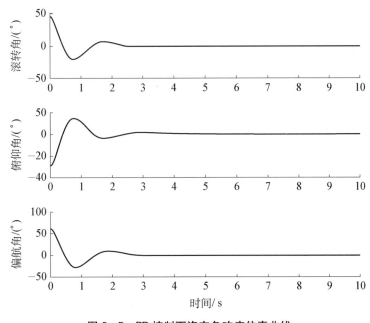

图 6-5 PD 控制下姿态角响应仿真曲线

图 6-6 所示为实测结果。比较图 6-6 和图 6-5 的结果,可以看出仿真结

果与实测结果基本相符,差别最大的是实测结果存在较大的振动。这是因为实际飞行中,螺旋桨的转动会带动机体振动;另外,动态过程中仿真结果比实测结果有更大、更剧烈的振荡,这是因为实际物理系统的阻尼比较大,而仿真所用的系统模型存在一定局限性,在建模过程中亦未考虑实际存在的系统延时。但从两图中都能看出,系统在大约 4 s 时即完成角度跟踪控制,证明了算法设计的正确性。然而,由于参数不确定性和干扰因素的存在,最终控制结果存在 6°左右的误差,且在期望姿态角附近存在较小幅度的振荡。

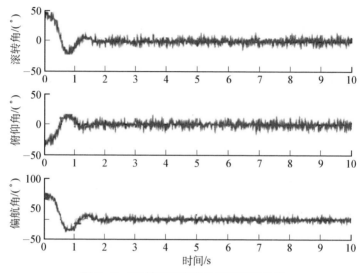

图 6-6　PD 控制下姿态角响应实测曲线

对本节中设计的滑模姿态控制器,设定系统参数不确定性为标称参数的 10%,即如下式所示:

$$\Delta \boldsymbol{J} = \begin{bmatrix} \Delta J_{11} & 0 & 0 \\ 0 & \Delta J_{22} & 0 \\ 0 & 0 & \Delta J_{33} \end{bmatrix}, \quad |\Delta J_{ii}| < 0.1 |J_{ii}|, \quad i=1,2,3 \quad (6-30)$$

取 $\phi = 0.12$,其余参数如下式所示时进行仿真分析和实际飞行。

$$\begin{cases} \boldsymbol{K} = \begin{bmatrix} 0.8 & 0 & 0 \\ 0 & 0.8 & 0 \\ 0 & 0 & 0.8 \end{bmatrix} \\ \boldsymbol{L} = \Delta \boldsymbol{J}_{\max} |\boldsymbol{Q}^{-1} \dot{\boldsymbol{q}}_0 \boldsymbol{\omega}| + |\boldsymbol{\omega}^{\times} \Delta \boldsymbol{J}_{\max} \boldsymbol{\omega}| + 2\Delta \boldsymbol{J}_{\max} |\boldsymbol{Q}^{-1} \boldsymbol{K} \dot{\boldsymbol{q}}_{\epsilon}| + \\ \qquad 2\Delta \boldsymbol{J}_{\max} |\boldsymbol{Q}^{-1} \boldsymbol{s}| + |\boldsymbol{d}_{\max}| \end{cases} \quad (6-31)$$

图 6-7 所示为使用滑模控制器时的姿态角响应仿真曲线。

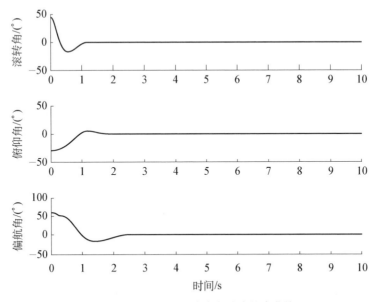

图 6-7 滑模控制下姿态角响应仿真曲线

图 6-8 为使用滑模控制器时的姿态角响应实测曲线。比较图 6-7 和图 6-8,两者响应基本一致,由于实际系统存在响应时间,实测结果比仿真结果的动态响应时间略长一些。从图中可以看出,相比 PD 控制器,系统具有更好的

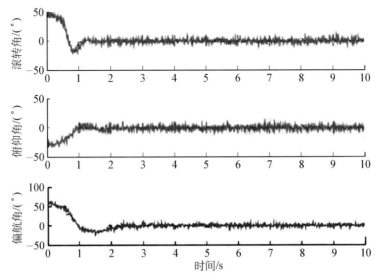

图 6-8 滑模控制下姿态角响应实测曲线

动态响应和稳态响应,在存在外界干扰的情况下,仍能跟踪期望姿态,对于系统
参数不确定性和外界干扰具有更强的鲁棒性。

6.5.2 位置控制器调试

位置控制的实现需要准确的姿态控制作为前提。为了便于进行测量和定量
分析,本文仅以高度控制为例展开说明。对本章设计的经典 PID 控制器,选取
控制参数为 $k_{pz}=1.8$, $k_{lz}=4.6$, $k_{Dz}=0.072$。

图 6-9 所示为 PID 控制的高度响应曲线。从图中可以看出,无人机在 PID
控制下,6 s 之后能收敛到期望高度上,利用经典的 PID 控制能够实现定高悬停。
对比姿态控制和位置控制的效果,明显位置控制的响应比姿态控制的响应要慢,
这是因为位置控制首先需要实现姿态控制。

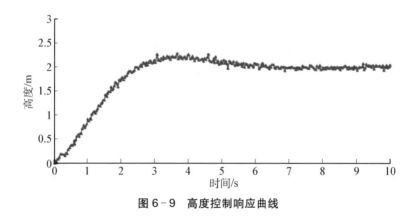

图 6-9　高度控制响应曲线

6.6　小结

本章先从理论上运用系统建模的方法,对四旋翼无人机的系统模型进行构
建,采用运动学建模和动力学建模,根据相应的物理定律分析四旋翼无人机在飞
行过程中所受各力的情况,后对无人机飞行控制系统进行分析,采用姿态控制器
设计(包含 PD 姿态控制器设计和滑模姿态控制器设计)和位置控制器设计,并
利用 Matlab/Simulink 工具对所设计的控制器进行仿真分析,对控制器的参数
进行调试使控制器更合理有效。

参|考|文|献 ••

［1］ Younes Y A，Jarrah M A. Attitude stabilization of quadrotor UAV using backstepping fuzzy logic & backstepping least-mean-square controllers［C］//2008 5th International Symposium on Mechatronics and Its Applications，2008.

［2］ Saif A A，Dhaifullah M，Malki M A，et al. Modified backstepping control of quadrotor［C］//International Multi-Conference on Systems，Signals and Devices，2012.

［3］ Tuan L L，Won S. PID based sliding mode controller design for the micro quadrotor［C］//2013 13th International Conference on Control Automation and Systems，2013.

［4］ Schreier M. Modeling and adaptive control of a quadrotor［C］//2012 IEEE International Conference on Mechatronics and Automation，2012.

［5］ Erginer B，Altuǧ E. Modeling and PD control of a quadrotor VTOL vehicle［C］//2007 IEEE Intelligent Vehicles Symposium，2007.

［6］ 章仁为. 卫星轨道姿态动力学与控制［M］. 北京：北京航空航天大学出版社，1998.

［7］ McGilvray S J. Attitude stabilization of a quadrotor aircraft［D］. Ontario：Lakehead University，2004.

［8］ Fresk E，Nikolakopoulos G. Full quaternion based attitude control for a quadrotor［C］// 2013 European Control Conference，2013.

［9］ 李炜. 无人机飞行 PID 控制及智能 PID 控制技术研究［D］. 南京：南京理工大学，2004.

［10］ 黄德先，王京春，金以慧. 过程控制系统［M］. 北京：清华大学出版社，2011.

［11］ 陈志梅，王贞艳，张井岗. 滑模变结构控制理论及应用［M］. 北京：电子工业出版社，2012.

［12］ 刘金琨，孙富春. 滑模变结构控制理论及其算法研究与进展［J］. 控制理论与应用，2007，24(3)：407－418.

7 无人机感知与规避系统的演示验证

无人机感知与规避的机动系统设计与演示验证是实现对相关技术和算法研究的重要手段,也是无人机空域集成的必然阶段。基于无人机感知与规避体系构架和关键技术研究,可进行无人机感知与规避系统功能验证,设计感知与规避仿真系统和轻小型无人机物理样机。视觉感知与规避系统能够具备空中小目标检测、威胁判断、规避机动等功能;半物理仿真系统具备 3D 实景仿真、多通道传感器模拟、多源信息融合、飞行控制管理、效能评估与人机交互等功能。轻小型无人机视觉感知与规避系统感知规避性能指标有规避机动半径 100~200 m,水平、垂直探测范围±15°,告警预留时间 20~30 s;多源信息融合半物理仿真系统的主要技术指标有水平探测范围±110°,垂直探测范围±15°,威胁目标检测概率不小于 98%,规避成功率不小于 99%。

7.1 多源信息融合分布式感知与规避仿真系统

本系统进行了 SAA 系统顶层设计、平台、目标、场景的建模仿真、感知、路径规划、机动控制的数据分析与模型校验,并建立效能评估体系对 SAA 系统配置、算法功能、结果输出等进行性能指标设计与效能评估。西北工业大学项目组搭建了国内首个多源信息融合感知与规避半物理仿真系统。在遭遇场景建模上,引入实时空情 ADS-B 数据生成空中交通场景,基于 Vega Prime 视景仿真系统模拟多云、小雨、光照变化等多种气象条件;在空间感知上,建立光电、红外、雷达等非合作传感器以及 ADS-B、T-CAS 等合作式传感器的多源信息感知框架和算法;在规避机动规划与控制方面,建立多种无人机的动态模型和数据库,以及基于全局和局部优化的路径动态规划算法;完成国内首个无人机感知与规避效能评估指标体系,并对多种场景、配置下的 SAA 系统基于仿真平台进行了效能评估。

多源信息融合分布式仿真系统能够引入真实的飞行空间环境信息生成仿真空中交通事件;通过对多种典型机载传感器类型和参数的仿真模拟,能够验证多种异类传感器空域感知、目标检测跟踪,多源信息融合算法;该系统建立了多种类、多机型的无人机动力学模型和控制器,能够对高空长航时、中空长航时、小型无人机、微型无人机等机型的规避路径规划和运动控制算法进行测试和验证。该仿真系统对于无人机感知与规避技术的研究具有重要的应用价值,对无人机 SAA 系统的设计具有一定的指导意义。

7.1.1 系统框架

分布式多源信息融合感知与规避系统的设计目的是通过引入 ADS-B 实时空域传感器信息,仿真真实的空中交通飞行环境,对无人机的飞行空间目标检测、多源信息融合、实时障碍规避、机动控制算法功能进行验证。

软件系统由总体控制驱动端,ADS-B 信息接入,视景仿真、传感器仿真、飞行器平台仿真模块、综合评估模块等部分组成。SAA 软件配置与功能划分如图 7-1 所示,仿真系统功能描述如表 7-1 所示。

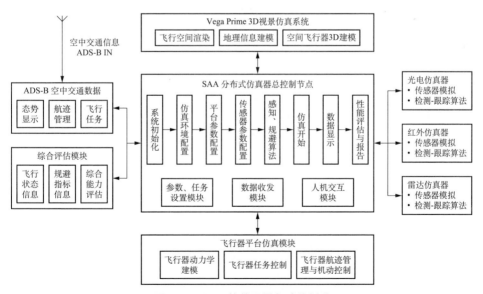

图 7-1 SAA 软件配置与功能划分

表 7-1 仿真系统功能描述

模　　块	功　能　描　述
总控端	感知与规避功能驱动包括参数配置、数据管理、评估报告等,分为 (1) 参数、任务配置模块 (2) 数据管理、收发模块 (3) 任务管理模块 (4) 规避算法功能模块
ADS-B数据模块	完成实时空中交通数据接入,模拟真实的空中交通场景,实现迎面、交叉、追及等多种碰撞场景下的空中交通信息驱动,包含 (1) 态势显示模块 (2) 航迹管理模块 (3) 飞行任务设定模块
3D视景仿真系统	模拟真实的 3D 空间环境视景,实现无人机飞行空间的直观展示,包含 (1) 飞行空间渲染 (2) 地理信息建模 (3) 飞行器 3D 建模
传感器仿真	模拟光电、红外、雷达等在多种气象条件下的感知与规避性能,并进行相应的算法功能的加载和验证,包含 (1) 红外仿真模块 (2) 光电仿真模块 (3) 雷达仿真模块
飞行器平台仿真模块	完成多种模型下的飞行器仿真模块,包含 (1) 飞行器动力学建模 (2) 飞行器任务控制 (3) 飞行器航迹管理与机动控制
综合评估模块	实现对 SAA 性能的评估,SAA 功能的数据总结、显示。算法功能结果显示等,包含 (1) 飞行器状态显示 (2) 规避指标信息 (3) 综合能力评估

7.1.2　数据通信

分布式仿真系统的可靠、稳定运行,是以高速、通畅的通信为基础的。无人机感知与规避仿真软件(分布式)采用基于组播的分布式仿真框架,系统分为5个组播节点,分别为控制端数据、飞行数据、红外数据、雷达数据、光电数据,如图 7-2 和图 7-3 所示。

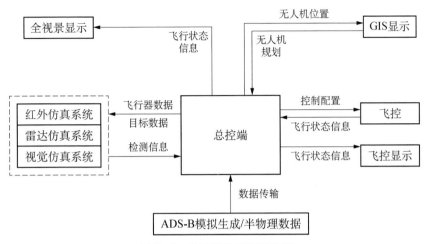

图 7‑2 仿真系统数据通信流

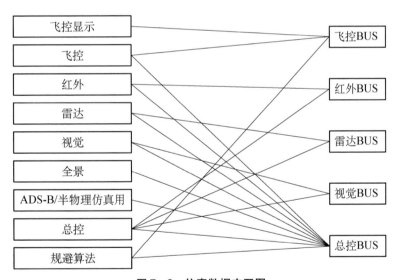

图 7‑3 仿真数据交互图

主要通信协议如表 7‑2 所示。

表 7‑2 通信组播系统协议

协议类型	子协议类型	接收 ID	发送 ID	数据长度	数据指针
int	int	enum	enum	int	Uchar

主要的数据包和代码如表 7 - 3 所示,主要设备号如表 7 - 4 所示。

表 7 - 3　分系统数据协议

数　据　名	数　据　代　码	数　据　类　型
总控输入数据	101	
总控输出数据	201	
飞控开机	001	bool
红外开机	002	bool
雷达开机	003	bool
视觉开机	004	bool
ADS - B 开机	005	bool
全景显示开机	006	bool
飞控输入数据	302	
飞控初始化	303	int
飞控航点初始化	304	int
航点删除	305	int
航点添加	306	int
航点更改	307	int
飞控输出数据	202	
飞机状态数据	401	
红外输出数据	203	
雷达输出数据	204	
视觉输出数据	205	
ADS - B 输出数据	206	

表 7 - 4　主 要 设 备 号

全部设备	总控	飞控	飞控显示	红外	雷达	视觉	全景	ADS - B
100	101	102	103	104	105	106	107	108

7.1.3 模块功能图片展示

模块功能界面如图 7-4～图 7-8 所示。

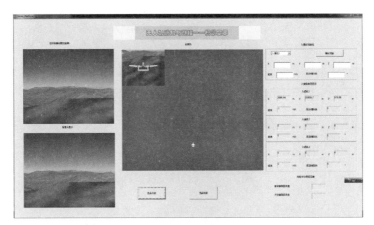

图 7-4　视觉传感器仿真界面

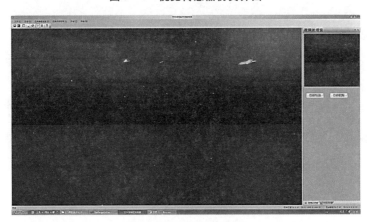

图 7-5　红外仿真模块

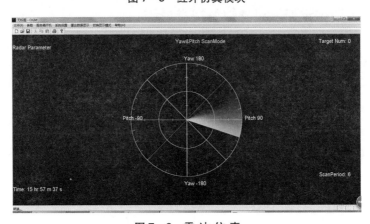

图 7-6　雷 达 仿 真

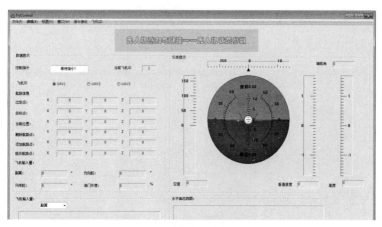

图7-7　飞行器控制仿真

图7-8　无人机分布式视景仿真界面

7.2　轻小型视觉无人机感知与规避系统

　　轻小型无人机具有微小、质轻、成本低、易于安装和保养等特点,近年来得到了广泛的应用。大量的轻小型无人机的低空应用给空域飞行安全带来了巨大的威胁。针对轻小型无人机的感知与规避系统的研究具有重要的意义。然而,轻小型无人机的感知与规避系统设计面临很多挑战:

　　(1) 轻小型系统载荷低,无法搭载大型的高精度传感器,如雷达、激光雷达等。

　　(2) 针对轻小型无人机的特点,需要研究低成本的感知规避解决方案。

(3) 低空无人机的空间环境复杂,障碍物包括飞行器、地形、建筑等,需要实现复杂空间环境下的有效感知。

针对上述挑战,提出一种基于视觉的机载实时感知与规避系统设计,综合视觉感知算法、高速并行图像数据处理技术与系统、无人机飞行控制与管理技术,实现典型碰撞场景下的飞行实验验证。轻小型视觉 SAA 系统采用光学传感器作为主要传感器,并研制 DM816 多路视频图像处理系统作为机载数据实时处理平台实现空中目标的实时监测、跟踪;设计基于动态安全包络和距离缺失的视觉伺服控制算法实现障碍目标的规避机动。所设计的算法针对晴朗、薄雾等气象条件下的目标检测,迎面、交叉等碰撞场景的障碍规避功能进行了验证。

该系统具有载荷要求小、成本低、碰撞检测稳定、可靠性高等特点,特别适用于中小型无人机的感知与规避任务;演示验证结果证明了该系统在气象、光照条件变化的情况下目标感知与规避的可靠性。

7.2.1 轻小型无人机感知与规避系统框架

基于视觉的 SAA 系统构架如图 7-9 所示。该感知与规避系统分为地面控制端和飞行器平台端。在飞行器平台端,以低成本光学传感器作为主要传感器,并通过机载处理器实现对空中小目标的实时检测、跟踪。考虑图像数据处理的高复杂度和强实时性的要求,系统采用 DM8168 多核并行数据处理器实现目标检测、跟踪、威胁估计和路径规划,路径规划结果通过串口传输至 F2A 飞控平台,实现基于航点级的路径规划控制。在进行系统测试与试验验证中,系统采用 TREX-700E 直升机作为系统平台,实现对目标的有效规避。在地面端,通过 900 MHz 电台实现飞行状态信息的实时下载和飞行命令的上传。并通过人机交互设计,实现飞行交互数据、空域空情的实时、友好的界面显示。地面端还集成了威胁估计逻辑、运动规划、机动控制等功能模块,实现人在回路中(man-in-the-loop)和人在回路上(man-on-the-loop)的感知与规避控制。

7.2.2 功能模块

1) 载荷平台

载荷平台采用亚拓 700N 旋翼直升机(见图 7-10),作为低空、慢速、低载荷无人机。其主要参数如下:升限小于 500 m,速度小于 10 m,载荷约为 2.5 kgf。旋翼机平台具有飞行稳定、易于安装应用等特点,其飞行特性适用于无人机感知与规避的场景验证。

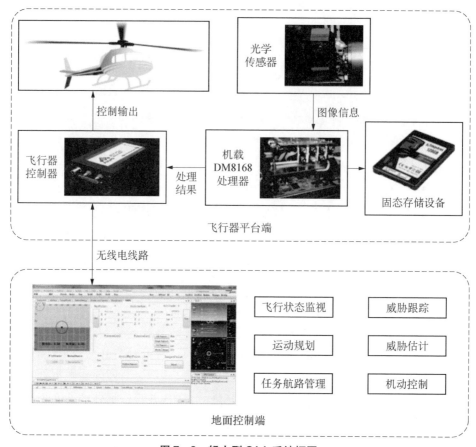

图 7-9 轻小型 SAA 系统框图

图 7-10 亚拓 700N 直升机平台

亚拓 700N 直升机平台的输入为无人机控制器输出的机动控制量,输出为无人机的机动轨迹。在无人机感知规避任务中,其输出为规避机动。

2）光学传感器

相机是光学感知与规避系统中的核心传感器,其功能是实现对空感知性能的最大化,即高分辨能力和大视场感知能力。高分辨率的图像能够提供更多的细节特征,扩大目标的感知距离,为规避提供更多的时间和空间;大视场感知能力能够保证全方位、多角度的目标感知能力,保障无人机系统的全方位空间飞行安全。然而,由于工艺水平的限制,相机往往难以在视场和分辨能力上兼得。因此,需针对感知与规避任务中的任务需求进行选型和算法设计。

针对轻小型无人机感知与规避系统的低空应用场景中,对目标的检测应在视场[±15°(水平),±15°(垂直)],作用范围大于 100 m 的范围内,我们采用 HawkEye 相机(见图 7 - 11),HawkEye 相机主要性能参数如表 7 - 5 所示。

图 7‑11　HawkEye 相机

表 7‑5　HawkEye 主要性能参数

项　目	参　数
传感器	340 万像素 FHD CMOS 传感器
镜头	120°广角镜头　（170°可选）
视频分辨率	1 080 p30　1 920×1 080 p30　h. 264 压缩
	720 p60　1 280×720 p60　默认 h. 264
	VAG 640×480　h. 264
图像分辨率	3.0 MB 2 048×1 536 默认　（5 MB、8 MB、12 MB 可选）

在感知与规避任务中,传感器机载于运动平台,平台振颤会造成图像质量下降,造成感知结果精度的下降。为保证图像质量,在本机加载了 2D 防抖云台,如图 7 - 12 所示。

图 7 - 12　光学传感器安装图

3) 高速机载计算机

数字图像处理器是实现目标实时检测算法的核心硬件模块,为满足无人机对目标检测准确性和实时性的要求,需要处理器可以同时处理并行的大量数据。因此我们选择了基于 DM8168 芯片的图像处理系统进行飞行障碍物检测。

DM8168 芯片是 TI 在 2010 年发布的一款专门针对数字图像处理设计的高性能 DMSoC,其中包含 1 个 C674x DSP(主频为 1 GHz),1 个 Cortex - A8(主频为 1.2 GHz),3 个 HDVICP(频率为 600 MHz)。基于 DM8168 的开发板硬件集成的外设包括 256 MB NandFlash 存储器;1 GB DDR3 存储器,共 8 片 DDR3,最大可兼容 2 GB 容量;2 路 10 MB/100 MB/1 000 MB 以太网接口;支持 16 路 D1 模拟视频输入;后置 1 个高速 USB2.0 接口,前置 4 个 USB2.0 接口;1 路单声道音频输入接口,1 路单声道音频输出接口;可支持多达 10 个 SATA 硬盘接口;1 路 RS232 接口,1 路 RS485 接口;支持 1 个 SD 卡接口;16 路隔离开关量输入,4 路继电器输出;实时时钟;前置面板按键;+12V 电源输入。基于 DM8168 的机载高速计算机如图 7 - 13 所示,DM8168 机载计算机板卡如图 7 - 14 所示。

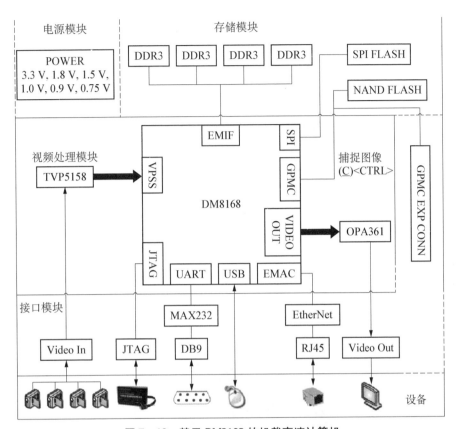

图 7-13 基于 DM8168 的机载高速计算机

图 7-14 DM8168 机载计算机板卡

机载计算机输入为平台自动驾驶仪的状态数据、传感器数据,输出为规避航点数据。

4) 存储

为了同时保存数据进行进一步离线分析,需要记录机载视觉数据。数据可以选择存储在多种存储介质上,但是考虑闪存存储设备平台可能会因机载平台的振动导致数据丢失。而在我们的系统中,保存视频码流的数据速率是 $1\,920 \times 1\,080 \times 3 \times 30 = 18\ \text{MB/s}$。考虑到理想状况,数据速率至少要到达 25 MB/s 或者 187.5 MB/s。此外,要有足够空间存储 30 min 的码流,大约为 5.6 GB 的空间。为了满足上述要求,SSD 容量大于 120 GB。

输入:编码 H264 的视频格式图像。

5) 自动驾驶仪

自动驾驶仪的作用是控制并稳定无人机的姿态和速度,使其实现航点数据的有效跟踪。在系统中,采用 iFly-F2A(见图 7-15)自动驾驶仪。主要性能参数如表 7-6 所示。

图 7-15 iFly-F2A 自动驾驶仪

表 7-6 iFly-F2A 主要性能参数

参　数	iFly-F2A
支持直升机类型	RTEX-700E, N, D 等
总体质量/g	160
功率/W	小于 2.5
工作环境温度/℃	−40~55
悬停精度(GPS 模式)/m	垂直方向±0.5,水平方向±1.5

自动驾驶仪的输入为机载计算机输入的航点格式数据,输出为油门和舵机控制量。

6）地面站

地面站系统采用 QT 环境进行开发,实现的主要功能包括飞行器状态显示、任务管理、路径规划、威胁估计、规避控制等。在 MIL 功能中,空中目标感知经过数传系统传输至地面站完成威胁评估与规避路径规划。SAA 系统地面站如图 7-16 所示。

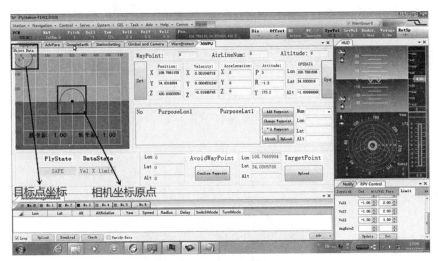

图 7-16　SAA 系统地面站

通过将上述分系统进行集成,如图 7-17～图 7-19 所示。

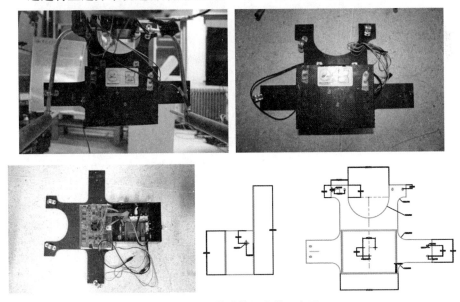

图 7-17　机载计算机安装示意图

注:采用轻质、坚固的碳纤板作为材料,进行设备的固定与安装,机载电源采用 11.1 V 锂电池,为稳定系统质量,采用起落架固定方式。

图 7 - 18　传感器安装示意图

注:在视觉 SAA 系统中,为减少机体振荡对图像质量的影响,采用云台安装的方式实现相机的稳定数据获取。

图 7 - 19　轻小型无人机 SAA 系统

7.2.3　基于视觉的空中小目标检测算法

空中小目标检测算法实现了基于视觉的空中目标感知,得到目标在图像的二维位置信息。当前,针对空中目标检测的算法得到大量的研究,技术较为成熟。然而,还存在如下问题:①针对 SAA 中的目标检测,空中平台的动目标检测与跟踪面临着气象、平台运动等的影响;②无人机感知与规避场景中,目标表现为远距离、低分辨率,目标在图像中仅占十几至几十像素;③图像数据量大,实现高速、稳定的机载图像数据处理较难,需针对任务特性进行算法并行化设计。

针对无人机视觉感知与规避场景中,小目标、低分辨率的特点,应用基于形态学的图像滤波进行图像预处理,实现小目标的目标增强以及噪声去除。针对空中运动平台的特点,设计基于 HMM 的空间滤波器,实现稳定的空中目标定位。针对上述场景应用中的算法,采用基于达芬奇构架的 DM8168 处理器,实现对图像的实时处理、精确定位和跟踪。

1) 地平线分割

在低空无人机应用场景中,由于地面场景复杂,对空中目标检测有很大的干扰,需首先对地面场景进行分离,得到空域简单背景下的图像。

在本项目中采用了一种基于灰度图像分割的方法,通过能量函数计算分割阈值,获得天空背景,然后进行后续处理。本方法能够较好地分离出天空和地面,同时算法复杂度较低,具有良好的实时性。

根据能量函数,定义如下所示能量函数 J:

$$J = \frac{1}{|\boldsymbol{\Sigma}_s| + |\boldsymbol{\Sigma}_g| + (\lambda_1^s + \lambda_2^s + \lambda_3^s)^2 + (\lambda_1^g + \lambda_2^g + \lambda_3^g)^2} \quad (7-1)$$

式中,$\boldsymbol{\Sigma}_s$ 和 $\boldsymbol{\Sigma}_g$ 分别是天空和地面像素的方差,均为 3×3 的矩阵;λ_i^s 和 $\lambda_i^g (i = \{1, 2, 3\})$ 为上述两个矩阵的特征值,$|\cdot|$ 为矩阵的行列式。

本设计主要是利用无人机机载视觉传感器对空域目标进行感知,假设天空具有一致性,当图像序列出现丢失等情况时,$\boldsymbol{\Sigma}_s$ 和 $\boldsymbol{\Sigma}_g$ 两个矩阵的行列式具有奇异性,并且它们的秩为 1,从矩阵论的知识我们可以得到

$$|\boldsymbol{\Sigma}| = \lambda_1 \cdot \lambda_2 \cdot \lambda_3 \approx 0 \quad (7-2)$$

它们相对应的特征值满足以下的关系:

$$|\lambda_1| \gg |\lambda_2| \approx |\lambda_3| \approx 0 \quad (7-3)$$

因此在灰度图像下,能量函数可以简化为

$$J = \frac{1}{\gamma \cdot |\boldsymbol{\Sigma}_s| + |\boldsymbol{\Sigma}_g| + \gamma \cdot |\lambda_1^s| + |\lambda_1^g|} \quad (7-4)$$

式中,γ 为对于空域部分一致性的权重。相比于 $|\lambda_1|$,$|\lambda_2|$ 和 $|\lambda_3|$ 是比较小的,因此在简化后的能量函数中暂且没有考虑其影响。

为了实现对天空和地面背景的有效分割,定义一个基于天空背景分割界限

的函数 $b(x)$：

$$1 \leqslant b(x) \leqslant H, \quad 1 \leqslant x \leqslant W \tag{7-5}$$

式中，W 和 H 分别为图像的宽度和高度；$b(x)$ 为第 x 列的空域和地面背景的分界线，因此，天空区域和地面区域的划分可以按照以下的方法：

$$\text{sky} = \{(x, y) \mid 1 \leqslant x \leqslant W, 1 \leqslant y \leqslant b(x)\} \tag{7-6}$$

$$\text{ground} = \{(x, y) \mid 1 \leqslant x \leqslant W, b(x) \leqslant y \leqslant H\} \tag{7-7}$$

计算天空背景边缘位置函数的计算流程如图 7 - 20 所示。

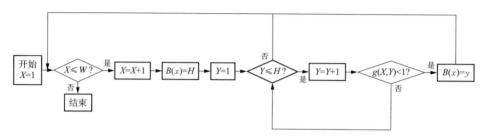

图 7 - 20 天空背景边缘位置函数计算流程

在初步获得了 $b(x)$ 过后，利用能量函数可以对分割线进行优化，基于能量函数的边缘位置函数优化方法流程如图 7 - 21 所示。

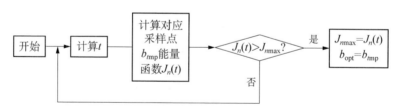

图 7 - 21 基于能量函数的边缘位置函数优化方法流程

2）图像预处理

在视觉 SAA 系统中，为了实现对入侵目标的检测任务，通常需要对复杂的背景进行处理以提高目标检测概率。图像预处理可以去除或降低图像背景中的杂波和噪声，提高图像质量和信噪比。一般的图像预处理思路可归纳如下：通过对原始图像进行某些操作，增强图像中潜在的目标，减少背景中的杂波和噪声，增大目标的检测概率，从而改善系统的总体性能。目前有很多针对复杂背景条件下的图像预处理方法，常用的有高通滤波、中值滤波以及形态学滤波等。针对小目标的检测系统,采用形态学滤波这一实时性强、可靠性高的处理算法。

本节运用一种 2D 灰度图像处理方法,基于形态学 top-hat 和 bottom-hat 变换,运用 close-minus-open(CMO)形态学滤波器对图像进行处理。当目标亮度高于背景图像时,形态学 top-hat 变化具有很好的处理效果;类似于形态学 top-hat 变化,当目标亮度低于背景图像时,bottom-hat 具有良好的处理效果。对同一幅图像同时采用 top-hat 变换和 bottom-hat 变换,并且对其进行数学运算,便可得到 close-minus-open 滤波器。本节采用的 CMO 滤波器选用 2 个 1D 的结构元素,分别从垂直方向和水平方向对图像进行搜索处理。垂直和水平方向的 CMO 形态学滤波器的结构元素分别为 $s_v = \begin{bmatrix} 1 & 1 & 1 & 1 & 1 \end{bmatrix}$ 和 $s_h = \begin{bmatrix} 1 & 1 & 1 & 1 & 1 \end{bmatrix}$。其基本算法流程如图 7-22 所示。

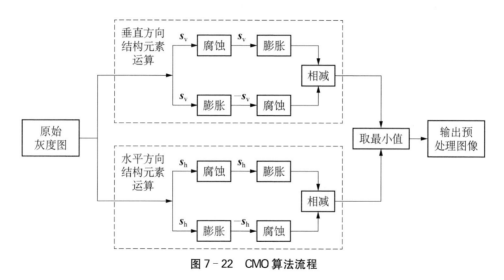

图 7-22　CMO 算法流程

3) 基于 HMM 的目标检测

对于空域目标的检测是在对图像进行预处理的基础上进行的,因此针对不同环境研究一种与图像预处理相匹配的目标检测算法是十分必要的。

在本节所研究的无人机感知规避系统中,需要得到空域目标在视觉传感器上所成像的位置信息,即通过检测获得目标在成像平面上的像素坐标。在本节中,将目标检测转化为一个研究假设置信度的问题。根据空域目标在天空中出现的情况,设置两种假设:H_1 为目标出现在相机视场内;H_2 为没有出现在相机视场内。假设在 H_1 中,目标以 2D 点坐标 $\{(i,j) \mid 1 \leqslant i \leqslant W, 1 \leqslant j \leqslant H\}$ 的形式出现在图像中,其中 W 和 H 为垂直和水平方向上图像的分辨率大小。同

时,假设目标在每个时刻都位于一个确定的像素位置,且每个像素位置(i,j)代表了一个目标状态,记为

$$x = [(j-1)W + i] \tag{7-8}$$

采用隐马尔科夫滤波器(hidden Markov filter,HMM)对图像进行检测,x_k为k时刻的目标状态,在图像序列当中,目标可能在不同的像素位置中移动,因此目标的状态转移似然函数为$A^{mm} = P(x_{k+1} = \text{state } m \mid x_k = \text{state } n)$,其中$1 \leqslant m$,$n \leqslant N$。定义状态$x_m$的初始概率为$\pi^m = P(x_1 = \text{state } m)$,$1 \leqslant m \leqslant N$;量测概率为$\boldsymbol{B}^m(\boldsymbol{Z}_k) = P(\boldsymbol{Z}_k \mid x_k = \text{state } m)$。

HMM 滤波器的状态估计过程为

$$\hat{\boldsymbol{x}}_k = N_k \boldsymbol{B}_k(\boldsymbol{Z}_k) \boldsymbol{A} \hat{\boldsymbol{x}}_{k-1} \tag{7-9}$$

式中,N_k是归一化标量参数,$\boldsymbol{B}_k(\boldsymbol{Z}_k)$是主对角线为$\boldsymbol{B}^m(\boldsymbol{Z}_k)$的矩阵,$\boldsymbol{A}$是元素为$A^{mm}$的矩阵。

在 HMM 滤波器当中,定义检验统计量:

$$\eta_k = \left(\frac{L-1}{L}\right)\eta_{k-1} + \left(\frac{1}{L}\right)\lg\left(\frac{1}{N_l}\right) \tag{7-10}$$

表示目标出现与否,$L = 10$为窗函数的长度。当η_k的值大于设定阈值,则认为假设H_1成立,目标出现在传感器的视场范围内,目标的位置为

$$\gamma_k = \arg\max_m(\hat{x}_k^m) \tag{7-11}$$

4) DM8168 的并行执行

算法采用 DM8168 机载计算机进行图像数据的实时处理,通过将大的计算量的图像数据预处理来进行高速 DSP 算法改造,HMM 滤波器采用高速 A8 处理器,实现算法的稳定、实时的执行。DM8168 的算法信息流如图 7-23 所示。

如图 7-24 所示,通过将视频采集模块进行解码之后得到多路视频数据,将不需要处理的图像数据直接传输给 A8 进行保存,将需要处理的数据传输给 M3。在处理数据的传输过程中,将数据传输给 DSP 端,DSP 端根据需要进行图像的信息监测、跟踪与多路视频融合等处理。DSP 端将处理的信息分两路,分别传输给 M3 端以及 A8 端。M3 端将得到的图像处理的结果进行保存和显示。A8 端将图像处理的信息进行解析,通过串口传输给飞控,飞控根据检测到的信息,进行相应的任务重规划。

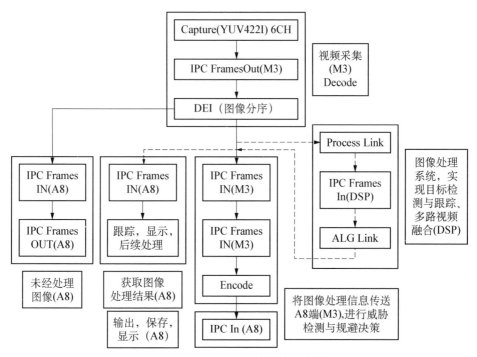

图 7-23 DM8168 的算法信息流图

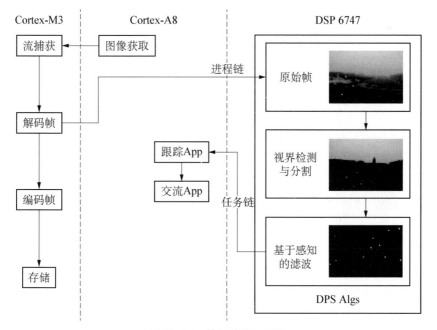

图 7-24 算法功能执行图

7.2.4　基于视觉量测动态安全包络的规避控制

1）动态安全包络

载机与入侵障碍物构成了最简单的感知规避系统,为了简化问题,定义载机与入侵障碍物的相对位置为 $P = P_{\text{int}} - P_{\text{own}}$,相对速度为 $V = V_{\text{int}} - V_{\text{own}}$,方向角和俯仰角分别为 θ 和 φ,表达式如下:

$$\theta = \arctan\left(\frac{u}{f}\right) \tag{7-12}$$

$$\varphi = \arctan\left(\frac{v}{\sqrt{u^2 + f^2}}\right) \tag{7-13}$$

其中 u、v 为图像检测算法获得的目标数据,并且建立载机与入侵障碍物之间相对角度状态为 $P_{\Omega} = (\theta, \varphi)$。

本节提出了一种基于最小分离角度的安全包络,如图 7-25 所示。

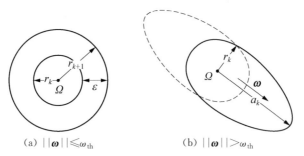

(a) $||\boldsymbol{\omega}|| \leqslant \omega_{\text{th}}$　　　　　(b) $||\boldsymbol{\omega}|| > \omega_{\text{th}}$

图 7-25　安全包络示意图

注:Ω 为在相机观测中的入侵障碍物位置。

在设计安全包络时,首先定义半径 r_0 作为安全包络的半径。对入侵障碍物运动状态进行估计后,判断载机与入侵障碍物之间的相对角度是否保持不变,若 $v_{\Omega}p < v_{\text{const}}$,即相对角度保持不变,则安全包络的半径便会随之增加。因此,在载机和入侵障碍物之间足够远时,安全包络半径是随着时间线性变化的,即

$$r_{k+1} = \begin{cases} r_k + \varepsilon, & k > 0 \\ r_0, & k = 0 \end{cases},\text{其中 } \boldsymbol{\varepsilon} = \begin{cases} \boldsymbol{\varepsilon}_0, & \|\boldsymbol{v}\| < v_{\text{const}} \\ 0, & \text{其他情况} \end{cases} \tag{7-14}$$

式中,r_k 为安全包络中内圆的半径。当 $v_{\Omega} > v_{\text{const}}$ 时,设计了一个以内圆的圆心为中心的椭圆形包络用以判断入侵障碍物与载机在时间 a 后是否会发生碰撞。椭圆形包络的长轴和短轴分别定义为

$$\begin{cases} a_k = r_k(1 + \alpha \parallel \boldsymbol{v} \parallel) \\ b_k = r_k \end{cases} \tag{7-15}$$

在感知规避系统中,只有在威胁确定后才会采取相应的规避策略。本节设计了一个标签函数 L_k,用以判断载机是否进入以入侵障碍物为中心的安全包络中。

$$L_k = \begin{cases} \mathrm{sgn}\big[(x_0 - x)^2 + (y_0 - y)^2 - r_k\big], & (\boldsymbol{p}_0 - \boldsymbol{p}) \cdot \boldsymbol{v} < 0 \\ \mathrm{sgn}\Big[\dfrac{(x_0 - x)^2}{a} + \dfrac{(y_0 - y)^2}{b} - 1\Big], & (\boldsymbol{p}_0 - \boldsymbol{p}) \cdot \boldsymbol{v} \geqslant 0 \end{cases} \tag{7-16}$$

式中,$p_0 = (x_0, y_0)$ 为载机在相对角度坐标系下的坐标。若标签函数 $L_k < 0$,则判定入侵障碍物产生了碰撞威胁,需要采取机动避免碰撞。

2) 基于视觉伺服控制的角度规避策略

在对入侵障碍物完成碰撞威胁判断后,若的确存在碰撞威胁,则需要实施规避策略(见图 7-26)。在实施规避时,应以最小的机动代价为原则,寻找合适的规避路线。因此,以安全包络上距离 p_0 最近的 p_N 为有效规避点,p_N 的位置计算公式为

$$p_N = \begin{cases} \boldsymbol{p} + \dfrac{(\boldsymbol{p}_0 - \boldsymbol{p})}{\parallel \boldsymbol{p}_0 - \boldsymbol{p} \parallel} r_k, & (\boldsymbol{p}_0 - \boldsymbol{p}) \cdot \boldsymbol{v} < 0 \\ \boldsymbol{p} \pm e^{\perp v} r_k, & (\boldsymbol{p}_0 - \boldsymbol{p}) \cdot \boldsymbol{v} \geqslant 0 \end{cases} \tag{7-17}$$

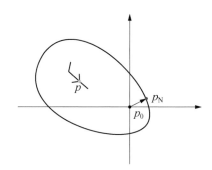

图 7-26 规避策略:通过在规避安全包络上寻找最近的规避点

在确定了规避目标点 p_N 后,采用视觉伺服控制的方法完成对入侵障碍物的规避。在传统的视觉伺服控制系统中,相机运动与特征点之间的关系为

$$\dot{\boldsymbol{s}}^*(t) = \boldsymbol{L}_s \boldsymbol{V}(t) \tag{7-18}$$

特征误差变化为

$$\dot{\boldsymbol{e}}(t) = \boldsymbol{L}_e \boldsymbol{V}(t) \qquad (7-19)$$

在无人机感知规避系统中：$\boldsymbol{s}^* = \boldsymbol{p}_0$，$\boldsymbol{e} = \boldsymbol{s} = \boldsymbol{p}_N = [\theta_d \quad \varphi_d]$，均在相对角度坐标系下进行描述，$\boldsymbol{V}$ 是相对运动速度，包括平移速度和角速度，$\boldsymbol{V} = [v \quad w]^T$，$\boldsymbol{L}_s = \boldsymbol{L}_e$ 为交互矩阵。

在本节的研究中，相对角度和载机的机动具有如下的关系：

$$\dot{\boldsymbol{p}}_N = \begin{bmatrix} \dot{\theta}_d \\ \dot{\varphi}_d \end{bmatrix} = \boldsymbol{L}_e \begin{bmatrix} v \\ w \end{bmatrix} \qquad (7-20)$$

由上面的公式可以知道 $\boldsymbol{L}_e$ 可以表示成平移项 $L_v p$ 和旋转项 L_w，即

$$\dot{\boldsymbol{p}}_N = \begin{bmatrix} \dot{\theta}_d \\ \dot{\varphi}_d \end{bmatrix} = \frac{1}{d} \boldsymbol{L}_v v + \boldsymbol{L}_w w \qquad (7-21)$$

在基于角度安全包络的避撞算法中，只对方向角和俯仰角进行控制。在上述公式中，同时，假设相对运动为匀速运动，我们考虑最紧急的情况 $d = d_{\min}$，因此公式输出的是沿 y 和 z 的旋转速度，在 x 方向上的旋转速度将由相机补偿。因此，以上公式可以写成

$$\dot{\boldsymbol{p}}_N = \widetilde{\boldsymbol{L}}_w \widetilde{\boldsymbol{w}} + \boldsymbol{C}_v \qquad (7-22)$$

式中，$\boldsymbol{C}_v$ 为一个常值，表示由平移运动所带来的特征动态变化情况，即 $\boldsymbol{C}_v p = \dfrac{1}{d_{\min}} \boldsymbol{L}_v v p$；$\widetilde{\boldsymbol{L}}_w$ 和 $\widetilde{\boldsymbol{w}}$ 是角度旋转部分，但是不包括 x 向的分量 w_x。

为了使特征误差呈指数型减少，因此采用 $\dot{p}_N = -\lambda p_N$ 来避免机动：

$$\widetilde{\boldsymbol{w}} = -\widetilde{\boldsymbol{L}}_w^+ (\lambda p_N + \boldsymbol{C}_v) \qquad (7-23)$$

式中，$\widetilde{\boldsymbol{L}}_w = \begin{bmatrix} -\cos\varphi & 0 \\ \dfrac{\sin\varphi\cos\theta}{\sin\theta} & -1 \end{bmatrix}$。

同样，为了更为精确地控制，规避目标点的运动也需要用来补偿误差项，即可以将公示改写为

$$w = -\widetilde{L}_w^+(\lambda p_N + C_v) + C_t \qquad (7-24)$$

式中，$C_t = L_w^+ \dfrac{\partial e}{\partial t}$，$\dfrac{\partial p_N}{\partial t} = v_\Omega + u_\varepsilon$，$u$ 为 p_N 的单位向量，因此输出的角度控制量可以表示为

$$w = -\widetilde{L}_w^+(\lambda p_N + C_v) + C_t + L_w^+\left(v_\Omega + \frac{p_N}{\|p_N\|}\varepsilon\right) \qquad (7-25)$$

7.2.5 轻小型系统实验测试

1）实验设置

根据项目设计要求，进行真实场景下的 SAA 实验验证。SAA 验证方案如图 7-27 所示，项目组采用上文描述的方法和系统，以六旋翼飞行器作为规避目标，进行迎面场景下的感知与规避测试；相关数据均通过空-地数据链路实现实时获取；为保障飞行安全，通过地面站点之间的数据共享与实时交互，保证飞行器间的最小分离距离。

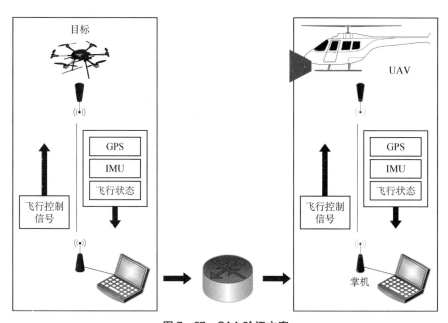

图 7-27 SAA 验证方案

无人机通过数传系统将机上飞行状态数据和视觉采集数据传输至地面控制端。同时，目标将本机的飞行状态数据传输至地面控制端 B，地面控制端 B 根据

采集到的数据将飞行状态数据通过以太网发送至地面控制端 A。其中，地面控制端 A 是主控端，主控端将本机的飞行状态数据、目标检测数据、目标机状态数据相融合，进行数据处理。实验环境如表 7－7 所示。

表 7－7　实　验　环　境

项　　目	参　　数
地点	西北工业大学长安校区青年教师公寓空地 （经纬度：34.030 543 108 7，108.771 244 088 0）
时间	2014.10.11
本机状态	速度：$v<5\ \text{m/s}$，航点设置为由正南向北直线飞行，高度 15 m［相对坐标为（200，0，15）］
目标机状态	速度：$v<3\ \text{m/s}$，航点设置为正面由北向南直线飞行，高度 12 m［相对坐标为（0，0，15）］
相机参数	焦距：4 mm 视场：110×70 分辨率：1 280×720 帧速率：25 fps 输出格式：H264

实验操作步骤如图 7－28 所示，遭遇场景如图 7－29 所示。

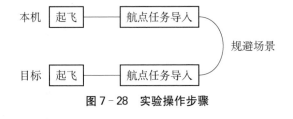

图 7－28　实验操作步骤

图 7－29　遭 遇 场 景

2) 结果评估

(1) 检测结果分析。

基于迎面场景中的一帧数据进行图像检测算法性能分析,DM8168 系统处理的单帧图像检测结果如图 7-30 所示。

(a)   (b)   (c)

图 7-30 单帧图像检测结果

(a) 原始图像 (b) 分割图像 (c) 形态学滤波结果

由原始图像可知,在有雾、阴天的场景中,105 m 处的目标在图像中占 5~8 个像素点。同时地面背景复杂,需对背景进行抑制。在图 7-30(b)中,所提出的算法能够实现对地面背景进行有效的抑制,得到较为纯净的天空背景。图 7-30(c)在图 7-30(b)的基础上进行基于滤波器的目标提取,能够实现对目标的有效检测。

为验证检测结果,在算法中,引入目标机的 GPS 坐标作为参考数据与检测结果进行比较(见图 7-31)。实验结果证明,检测结果具有较好的目标相对角度

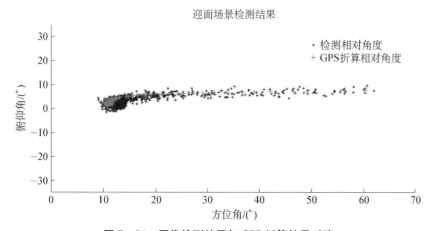

图 7-31 图像检测结果与 GPS 折算结果对比

定位能力。

在场景中,目标与本机为迎面碰撞,目标进行右侧水平规避,目标俯仰角度基本保持不变,目标偏航角度增大完成规避。

从图 7-32 可看出,目标检测结果由于飞行器振颤影响存在一定的误差,但检测结果与 GPS 折算结果分布基本吻合。

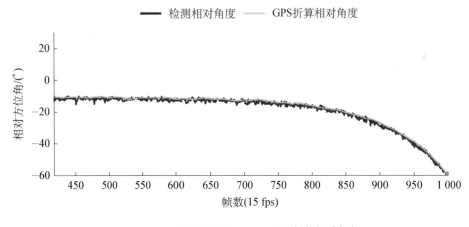

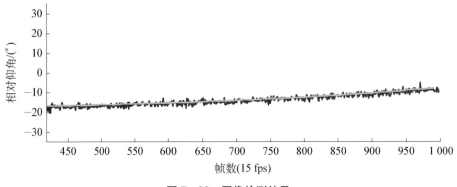

图 7-32　图像检测结果

(2) 规避结果分析。

在上述的实验场景中进行试验,得到如图 7-33 所示的飞行轨迹。

在上述飞行场景中,所设计的算法和系统能够实现最小分离距离为32.15 m 的规避机动,如图 7-34 所示。

控制器控制速度和角度输出如图 7-35 所示。

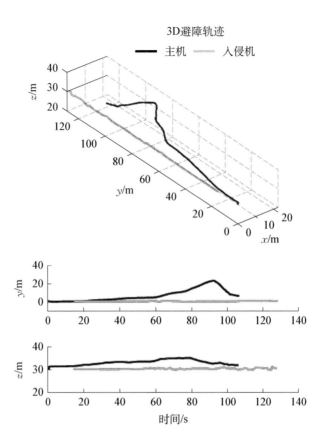

图 7-33　迎面遭遇场景下的规避曲线

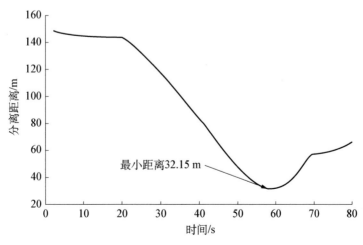

图 7-34　分离距离-时间曲线

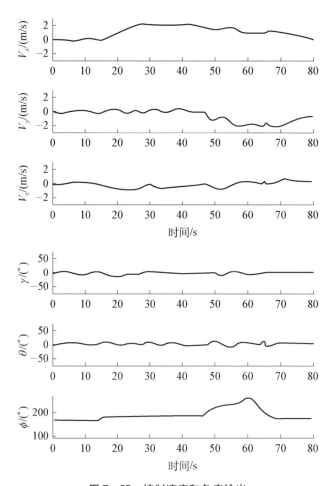

图 7 - 35　控制速度和角度输出

本机的输出速率如图 7 - 35 所示。在整个飞行过程中,主机的速率设为 2 m/s。在自动驾驶仪的控制下,角速度的最大值如图 7 - 36 所示。

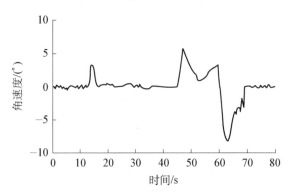

图 7 - 36　角速度输出控制曲线

7.3 小结

本章实现了基于多源信息融合的分布式感知与规避系统设计和基于视觉的轻小型无人机感知与规避系统设计。在基于多源信息融合的分布式感知与规避系统设计方面,西北工业大学项目组搭建了国内首个多源信息融合感知与规避半物理仿真系统,对 SAA 系统进行了设计、模拟、分析和评估;实现了对空中交通场景和气象条件的模拟,并开发了传感器感知框架、路径规划算法和无人机动态模型;最终完成了国内首个无人机感知与规避效能评估指标体系,并对 SAA 系统进行了评估。

在基于视觉的轻小型无人机感知与规避系统设计中,进行了基于视觉的机载实时感知与规避系统设计,综合视觉感知算法、高速并行图像数据处理技术与系统、无人机飞行控制与管理技术,实现了典型碰撞场景下的飞行实验验证。轻小型视觉 SAA 系统采用光学传感器作为主要传感器,并研制 DM8168 多路视频图像处理系统作为机载数据实时处理平台实现空中目标的实时监测、跟踪;设计基于动态安全包络和距离缺失的视觉伺服控制算法实现对障碍目标的规避机动。设计的算法针对晴朗、薄雾等气象条件下的目标检测,对迎面、交叉等碰撞场景的障碍规避功能进行了验证。

参 | 考 | 文 | 献 ·

[1] 曹秋生,张会军. 高空长航时无人机的发展特点及技术难点探讨[J]. 中国电子科学研究院学报,2008,3(1):8-13.

[2] 蒋丰亦,张锋锋. 面向有人无人协同的无人机空管态势感知与规避技术研究[C]//2015年第二届中国航空科学技术大会,2015.

[3] 刘慧颖,白存儒,杨广珺. 无人机自主防撞关键技术与应用分析[J]. 航空工程进展,2014,5(2):141-147.

[4] 李波,刘建都,王庭良,等. ADS-B 技术在通用航空避撞系统中应用研究[J]. 现代导航,2018,9(4):304-309.

[5] 昂海松. 微型飞行器系统技术[M]. 北京:科学出版社,2014.

8 无人机感知与规避系统的性能评估

8.1 指标体系确定

8.1.1 指标体系确定的理想条件

在实际应用中,效能评估问题大多表现为综合评价问题,即要对 m 个对象(如对 SAA 系统而言,体现为对多种典型遭遇场景下的综合避撞能力)进行评价。为全面、科学地评价,首先需要建立合理的评估指标体系。

在决策方案(方案、评价对象)确定的情况下,指标体系的确定会影响到效能评估结果的合理性,另外,指标体系的规模及具体指标差别还会牵扯到评估过程的复杂性。因此,科学、合理地确定指标体系在效能评估中至关重要。R. L. Keeney 和 H. Raiff 指出描述一个多准则决策问题时,指标体系应满足五个性质。

(1) 完整性:指标体系应表征决策要求的所有重要方面。

(2) 可运算性:指标能有效地用到随后的分析中去。

(3) 可分解性:可将决策问题分解,以简化评价过程。

(4) 无冗余性:不重复考虑决策问题的某一个方面。

(5) 极小性:不可能用其他元素更少的指标体系来描述同一问题。

要满足上述条件是极其困难的,因此又称为多准则决策指标集的理想条件。

8.1.2 确定指标体系的原则

效能评估指标体系中并非评估指标越多越好,关键在于指标在评估中所起作用的大小。指标体系应能全面反映各决策方面的主要方面,它的结构取决于决策目的、决策方案的性质等。指标体系越全面,决策的结果就越客观、越合理,但指标太多也会增加评估的复杂程度和难度,尤其是数据的计算量将以指数形式增长。

建立 SAA 系统评估体系的目的如下:一是能够对不同的 SAA 系统配置方案进行定性分析;二是根据检验与评价结果,对 SAA 系统配置方案进行总体和局部的比较分析,得到性能差距;三是为现有无人机系统的 SAA 系统安装与改建提供科学准确的参考意见。

根据 SAA 系统的组成和功能特点,建立明确、合理的评价体系,应当遵循以下原则。

1)综合性(完整性)原则

首先,指标系统应考虑 SAA 所有的能力属性,能评价不同的系统配置方案。其次,指标系统应反应单个指标对整体系统的功能逻辑与量化影响,能反映 SAA 系统整体性能情况。只有这样,才能对 SAA 系统做出全面、合理、客观的分析和评价。

2)客观性原则

评价指标必须能客观、准确地反映系统的主要特征和各个方面,特别是关键评价指标更应选准、选全,并明确意义,不能主观臆断,随意设立。

3)灵敏性原则

SAA 系统分析不是一次完成的,是一个动态过程。指标体系应体现这一特点,评价指标应能较准确地反应 SAA 系统中变量的变化,使 SAA 系统的性能随着评价指标系统参数的改变而发生相应的变化。

4)可测性原则

指标系统应具有相对的稳定性,以便于用一个共同的比较合理的标准,对不同的 SAA 系统配置方案进行评价。指标应在反映 SAA 各个方面中选取,但一个重要的前提就是能够进行计算或估算,或能赋予数值、量级,对其进行定量处理,或可建立模型定量求解,或可利用试飞验证、仿真模拟等方法进行评价。量化指标时,最好能使用体系已有的统计参数,或者通过调查和测量而得到具体项目及模拟演习的结果,能给出具体数值或大小排序。

5)独立性原则

在建立指标系统的过程中,指标因素要与选用标准和评价目标保持一致,力求减少各单个指标之间的相关程度,对相关联的各个指标尽可能选择其中一个或几个指标来独立说明 SAA 系统的某一方面,以压缩冗余,便于操作,提高综合评价的科学性。

6）定性定量相结合原则

在评价中，反映 SAA 系统的指标有两类：一类是定量指标，如主要评价项目要有统一的定量化指标，并建立相应的数学模型。另一类是定性指标，该类指标无法或难以量化，只能通过专家评判，再将专家判断结果定量化来进行评价。这两类指标对于全面评价系统性能都十分重要，缺一不可，只有统筹考虑才能达到科学评价的目的，取得可信的结果。

7）简明原则

选取的指标应当简明扼要，使相关人员能准确理解和接受，便于形成共同语言，顺利进行融合系统评价工作。

8.1.3　确定指标体系的方法

针对 SAA 系统功能评估需求，采用特尔菲（Delphi）咨询法。该方法针对评估者和分析者在知识和经验上的局限性，通过组织各方面的专家，使之对指标体系涉及的问题发挥咨询作用，经过多次反复的信息交换，统计处理和归纳综合，合理地给出效能评估所包含的全部指标及各指标间的相互关系。从而确定指标体系的完整结构。该方法的流程如图 8-1 所示。

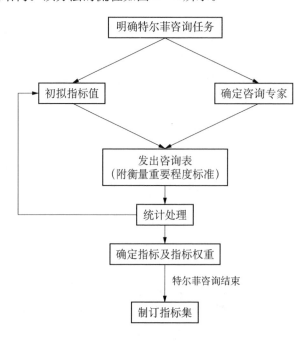

图 8-1　特尔菲咨询流程

特尔菲法的本质是系统分析法在价值判断上的延伸,利用专家经验,根据其掌握的各种信息和丰富经验,经过抽盘、概括、综合、推理的思维过程,得出专家各自的见解,再经汇总分析而得出指标集。在使用该方法时,正确选用专家(包括专家数、专家的领域等)是该方法成功的关键。

建立指标体系时,首先把复杂的问题分解为一个个小问题,每一问题称为一个元素,然后对于每一个元素根据隶属关系,继续分解,直至最低层元素可以相对容易地度量为止,这样就形成了一个如图8-2所示的递阶层次结构。中间层的元素一般既隶属于上一层,又对下一层有支配关系,但隶属、支配关系有可能是不完全的。一般上层元素支配的下层元素不超过9个,否则会给两两比较判断带来困难。而层次数的多少要由问题的复杂程度和分析深度来决定。

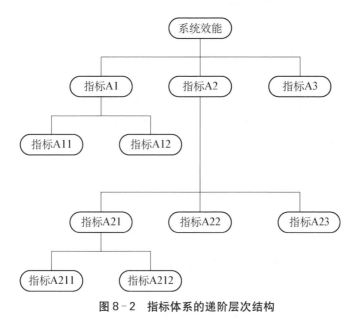

图8-2　指标体系的递阶层次结构

根据评估的目的、期望不同,可将指标进行分类。

(1) 从指标对评估者的主观愿望独立程度看,可分为主观指标和客观指标两种。后者是对评估方案的客观描述,而前者与评估者的主观认识、偏好等有关。

(2) 在工程和经济中的许多评价问题,尤其是在军事装备系统的效能评估问题上,指标的划分常根据指标能否定量表述来分类,可以求出数值的称为定量指标。

（3）从人们对指标值期望的特点看，可将指标分为效益型、成本型、固定型、区间型、偏离型和偏离区间型。效益型指标表示指标值越大越好的指标；成本型指标表示指标值越小越好的指标；固定型指标表示指标在某个值为最佳，即越接近某一固定值越好的指标；区间型指标表示指标值落在某一固定区间内为最佳的指标值；偏离型指标表示指标值越偏离某个固定值越好的指标；偏离区间型指标表示指标值越偏离某个区间越好的指标。

8.2 指标预处理

指标可以分为定性指标和定量指标两种，它们表现出不可公度性和矛盾性的特点。因此，各指标值无法直接综合计算，定性指标首先要量化，然后还要进行规范化处理。定性指标值主要是通过专家定性评判然后量化的方法获得，定量指标值可以通过试验统计、实地测量、报告分析等方法得到。

8.2.1 定性指标值的量化

在一个复杂系统的指标体系中，有些指标很难直接定量描述，只能通过"优、良、差"等语言值进行定性的判断。定性的描述没法利用数学这一定量计算的工具进行处理，因此就需要一个定性指标量化的过程。

1）直接打分法

受咨询专家根据自己的经验知识对定性指标直接做出价值判断，用一个明晰数来度量对指标的满意程度。该方法虽然简便，但给专家评价带来了很大的难度，由于客观事物的复杂性和主体判断的模糊性，专家很难较准确地做出判断。

2）量化标尺量化法

心理学家 G. A. 米勒(G. A. Miller)经过试验表明，在对不同的物体进行辨别时，普通人能够正确区别的等级为 5～9 级。推荐使用 5～9 个量化级别，可能时尽量使用 9 个等级。可以把定性评判的语言值通过一个量化标尺直接映射为定量的值，常用的定性指标的量化标尺如表 8-1 所示。考虑使用方便，这里使用了 0.1～0.9 之间的数作为量化分数，极端值 0 和 1 通常不用。

另还有把语言值量化成模糊数的标度量化法，常用的模糊数有三角模糊数与梯形模糊数，如图 8-3 所示为一种常见的三角模糊数两极比例量化法。这种量化方法能够较好地避免丢失模糊信息，但计算过程较复杂，尤其是最后的排序。

表 8-1　定性指标的量化标尺

等　　级	分　　数								
	0.1	0.2	0.3	0.4	0.5	0.6	0.7	0.8	0.9
9 等级	极差	很差	差	较差	一般	较好	好	很好	极好
7 等级	极差	很差	差	—	一般	—	好	很好	极好
5 等级	极差	—	差	—	一般	—	好	—	极好

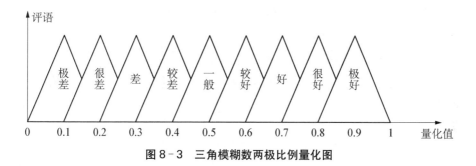

图 8-3　三角模糊数两极比例量化图

　　有时为了避免仅以隶属度 0 或 1 来选择某一评判等级,所以可以利用模糊统计的方法确定定性指标对评判等级的集属度向量,然后把归一化的隶属度向量和每一评判等级所对应的量化值进行加权就可以得到定性指标的量化值。基本步骤如下:

　　(1) 确定评判等级 $\boldsymbol{V} = \begin{bmatrix} v_1 & v_2 & \cdots & v_m \end{bmatrix}$。

　　(2) 组织多个专家对系统指标进行评判,假设专家对评判等级的评判频数为 $\boldsymbol{U} = \begin{bmatrix} u_1 & u_2 & \cdots & u_m \end{bmatrix}$,则 $\boldsymbol{U}$ 就是系统指标对评判等级 $\boldsymbol{V}$ 的隶属度向量。

　　(3) 把每一评判等级的量化值与归一化的隶属度向量进行加权。

8.2.2　定量指标的规范化

　　在效能评估过程中,各指标值之间普遍存在下述三种问题:

　　(1) 无公度问题,即各指标的量纲不同,不便于互相比较。

　　(2) 变换范围不同,指标值之间差异很大,可能数量级都不同,不便于比较运算。

　　(3) 对抗性不同,其中有些指标是越大越优,而有些则越小越优。

　　因此,如果直接利用原始指标矩阵进行系统效能的评估,要么困难较大,无从下手;要么评估方案不科学,造成评估结果不合理。因此,对于一个已知指标矩阵的效能评估问题,必须消除上述问题的影响,即对指标矩阵进行规范化(归一化、标准化)处理。其实质是通过一定的数学变换把指标值转变为可以综合处理的"量化值",一般都变换到[0,1]范围内。在变换时,要注意量化标度(序、区间或比例标度)允许变换的形式。Hwang 与 Yoon 给出了效益型和成本型指标的极差变换、线性变换、向量变换三种规范化变换形式,考虑向量变换、指数变换等非线性变换后,不能产生等长的计量尺度,并且变换后各属性的最大值、最小值不相同,不便于指标间的直接比较,这里给出了极差变换、线性变换的规范化方法,同时增加了在两种规范方法下固定型和区间型指标新的规范化方法,对原有规范方法未考虑分母为零的情况进行了改进。

固定型变换相对简单,对区间型指标的变换,特做如下定义:

定义　设 $a, b, x \in \mathbf{R}$(实数集),则实轴上点 x 到区间 $C = [a, b]$ 的最远点距离为

$$d(x, C) = |x - C| = \begin{cases} \left| x - \dfrac{1}{2}(a+b) \right| + \dfrac{1}{2}(b-a), & x \notin [a, b] \\ 0, & x \in [a, b] \end{cases}$$

$$(8-1)$$

显然,$b = a$ 时,$[a, b]$ 退化为一个点,此时 $d(x, C)$ 即为实轴通常意义下的距离。

注:偏离型属性和偏离区间型属性在日常以及军事信息系统评估中很少用到,这里不做论述。

设 $T = \bigcup_{i=1}^{4} T_i$,其中 $T_i (i = 1 \sim 4)$ 分别表示效益型、成本型、固定型和区间型指标的下标集合;x_{ij} 表示第 i 个方案关于第 j 个属性 f_j 的指标值;α_j 表示 $f_j (j \in T_3)$ 的最佳稳定值,$[q_1^j, q_2^j]$ 表示 $f_j (j \in T_4)$ 的最佳稳定区间。

下面用公式给出两种变换下 4 种指标类型的规范形式。

1) 极差变换法

效益型:

$$r_{i,j} = x_{i,j} - \frac{\min\limits_i x_{i,j}}{\max\limits_i x_{i,j}} - \min\limits_i x_{i,j}, \quad i \in M, j \in T_1 \qquad (8-2)$$

成本型:

$$r_{i,j} = \max\limits_i x_{i,j} - \frac{x_{i,j}}{\max\limits_i x_{i,j}} - \min\limits_i x_{i,j}, \quad i \in M, j \in T_2 \qquad (8-3)$$

固定型：

$$r_{i,j} = \begin{cases} \dfrac{(\max\limits_i \mid x_{i,j} - \alpha_j \mid - \mid x_{i,j} - \alpha_j \mid)}{(\max\limits_i \mid x_{i,j} - \alpha_j \mid - \min\limits_i \mid x_{i,j} - \alpha_j \mid)}, & x_{i,j} \neq \alpha_j \\ 1, & x_{i,j} = \alpha_j \end{cases}, \ i \in M, j \in T_3$$

$$(8-4)$$

区间型：

$$r_{i,j} = \begin{cases} \dfrac{\max\limits_i d_{i,j} - d_{i,j}}{\max\limits_i d_{i,j} - \min\limits_i d_{i,j}}, & x_{i,j} \notin [q_1^j, q_1^j] \\ 1, & x_{i,j} \in [q_1^j, q_1^j] \end{cases}, i \in M, j \in T_4$$

$$(8-5)$$

注：当 $a_{ij} \in [q_1^j, q_1^j]$ 时，$d_{i,j} = 0 \Rightarrow \max\limits_i d_{i,j} - \min\limits_i d_{i,j} = 0$，即指标值落在区间中。

2) 线性尺度变换法

效益型：

$$r_{i,j} = \frac{x_{i,j}}{\max\limits_i x_{i,j}}, \ i \in M, j \in T_1 \qquad (8-6)$$

成本型：

$$r_{i,j} = \frac{\min\limits_i x_{i,j}}{x_{i,j}}, \ i \in M, j \in T_2 \qquad (8-7)$$

固定型：

$$r_{i,j} = \begin{cases} 1 - \dfrac{\mid x_{i,j} - \alpha_j \mid}{\max\limits_i \mid x_{i,j} - \alpha_j \mid}, & x_{i,j} \neq \alpha_j \\ 1, & x_{i,j} = \alpha_j \end{cases}, \ i \in M, j \in T_3 \quad (8-8)$$

区间型：

$$r_{i,j} = \begin{cases} \dfrac{\min\limits_i d_{i,j}}{d_{i,j}}, & x_{i,j} \notin [q_1^j, q_1^j] \\ 1, & x_{i,j} \in [q_1^j, q_1^j] \end{cases}, \ i \in M, j \in T_4 \qquad (8-9)$$

或

$$r_{i,j} = \begin{cases} 1 - \dfrac{d_{i,j}}{\max\left(q_1 - \min\limits_i x_{i,j},\ \max\limits_i x_{i,j} - q_2\right)}, & x_{i,j} \notin [q_1^j, q_1^j] \\ 1, & x_{i,j} \in [q_1^j, q_1^j] \end{cases}, \ i \in M, j \in T_4$$

$$(8-10)$$

8.3 标度分类及选择

标度用于定性指标的量化。所谓量化,是将研究客体的有关因素用量的形式表示出来。目的是将被测事物的特性和对应数值之间建立同态关系。常用的量化标度有名义标度、序标度、区间标度和比例标度。

8.3.1 标度分类

标度主要分为四类,分别为名义标度(nominal scales)、序标度(ordinal scales)、区间标度(interval scales)和比例标度(ratio scales)。

1) 名义标度

名义标度是最低级的量化形式。它包括用以识别或分类为目的的号码或名称。为了构造名义标度,必须指定一种满足全部恒等性质的称为无差别关系的二元关系 R,记为这些性质有时称性、自反性、传递性、连通性。

定义在任何数学系统中的“＝”关系是一种无差别关系。身份证就是名义标度的一种。

2) 序标度

用无差别关系“～”和优先关系“＞”可组合成另一种二元关系 R,记为“≥”,对 $\forall x, y \in X$, $x \geq y \Leftrightarrow x$ 优先于或无差别于 y。如 R 为自反的、传递的且连通的,则称 R 具有弱序关系,对象集 X 中的元素用弱序量测称为序标度。评估的基本操作是对通信系统编配方案进行排序,一般常用序标度量测备选方案以便排序。如优序法的优序数,层次分析法的导出标度等用的都是序标度。序标度可以没有自然原点作为其零点。在测量值上进行算术运算要注意是否保序变换,除了名义标度允许的众数、频数统计运算外,还可求中值、百分比和序相关等。

3) 区间标度

在对象集 X 中的元素和元素的差距(距离)均满足二元弱序关系时,称为区间标度。用等间隔（距离）去量测对象而无自然原点是区间标度的特点。如温度可用华氏（℉）和摄氏（℃）两种区间标度。层次分析法用的比较标度也属于区间标度。当设置对象间的距离或差的"零"点后，才允许对区间标度值进行算术运算。如时间是区间标度，只有约定午夜零点作为零时，对其测量值——小时进行加减运算才有意义。除相关系数依赖于"零"的位置外，其余的各种统计运算均可以进行。

4）比例标度

比例标度是有自然原点的区间标度，是最受限制的点最常用的测量标度。常用在物理等自然科学领域，如长度、面积等。

8.3.2　标度的分析比较

1）标度等级

定性指标是指评估者对评估对象属性的判断信息不是具体的数值，而是语言评价等级。在军事信息系统的评估问题中，定性指标较多，其处理也就显得至关重要，它关系到评估方法的可操作性及科学性。另外，在进行定性指标量化时，各方案间的属性 $f_j(x_i)(i=1,2,\cdots)$，应该比较接近，否则定性指标量化将失去意义。如个别情况下指标值之间差距过大，可通过改变量纲或将过大的分解或将过小的聚合等方法，使比较的指标值比较接近。心理学家米勒经过试验证明，在某个指标上对若干不同系统进行辨别时，普通人能够正常区别的指标等级为 $5 \sim 9$。由于定性指标关系错综复杂，所以通过人的比较判断得到的量化值大多属于序标度，少数情况能达到区间标度。运筹学专家 T. L. Saaty 于 20 世纪 70 年代提出层次分析法，在量化标度的选取上运用了 9 个等级，定性等级量化如表 8-2 所示。

表 8-2　定性等级量化

标　度　值	含　　义
1	表示两个元素相比，同等重要
3	表示两个元素相比，一个元素比另一个元素稍微重要
5	表示两个元素相比，一个元素比另一个元素明显重要
7	表示两个元素相比，一个元素比另一个元素强烈重要
9	表示两个元素相比，一个元素比另一个元素极端重要

注：2，4，6，8 为上述相邻判断的中值。

然而随着定性指标量化问题研究的深入，人们发现 1～9 标度法有不合理之处。例如 B 比 A 稍微重要时 A∶B 为 1∶3 或者说 B 是 A 的 3 倍。C 比 A 明显重要时 A∶C 为 1∶5，或者说 C 是 A 的 5 倍，由此推出 C 是 B 的 5/3（即 1.67 倍，远小于 3，这里可看出稍微重要是 3 倍，而从稍微重要到明显重要却只有 1.67 倍，显然不合理。因此，标度问题成为学者研究的焦点之一。不少学者提出了一些新标度法。如最初左军针对 Saaty 的 1～9 标度法构造判断矩阵比较困难，提出了 0～2 三标度法；徐泽水在 0～2 三标度法的基础上又提出了 −1～1 三标度法和 −2～2 五标度法；为了改善 1～9 标度法的精度，舒康等提出了指数标度法，汪浩等提出了 9/9～9/1 分数标度法和 10/10～18/2 分数标度法，侯岳衡等在舒康的指数标度法基础上提出了 90/9～99/9 指数标度法。几种标度法的描述如表 8-3 所示。

表 8-3　几种标度法的描述

等　级	标　度						
	1～9	9/9～9/1	10/10～18/2	指数标度 1	指数标度 2	指数标度 3	指数标度 4
同等重要	1	9/9	10/10	9^0	2^0	e^0	e^0
稍微重要	3	9/7	12/8	$9^{(2/9)}$	$2^{(2/2)}$	$e^{(2/4)}$	$e^{(2/5)}$
明显重要	5	9/5	14/6	$9^{(4/9)}$	$2^{(4/2)}$	$e^{(4/2)}$	$e^{(4/5)}$
强烈重要	7	9/3	16/4	$9^{(6/9)}$	$2^{(6/2)}$	$e^{(6/2)}$	$e^{(6/5)}$
极端重要	9	9/1	18/2	$9^{(8/9)}$	$2^{(8/2)}$	$e^{(8/2)}$	$e^{(8/5)}$
通式	K	$9/(10-K)$	$(9+K)/(11-K)$	$9^{(K-1/9)}$	$2^{(K-1)/2}$	$e^{(K-1)/2}$	$e^{(K-1)/5}$

2) 标度的比较

关于标度问题研究，通常采用两种方法：一种方法是通过给出新标度，使决策者（专家）能够容易地填写比较矩阵，然后利用某种变换，将比较矩阵变换成 Saaty 的 1～9 标度法下的判断矩阵，如三标度法和五标度法；另一种方法是利用给出的新标度，直接构造判断矩阵（无须再转换成 Saaty 的 1～9 标度法下的判断矩阵），以期改善判断矩阵的一致性，如各种指数标度法和分数标度法。然而，随着众多新标度的出现，给标度的应用也带来一些困难。由于面对各种标度，人们一般不知道哪一种标度更优。这里，从标度的本身特性出发，用典型的判断矩阵而不是用一种特定的判断矩阵去分析比较，分别从保序性、判断一致性、标度均匀性、权重拟合性、一致性容量等多角度、多层次进行衡量比较,对各种标度进行了评价,给出了各种标度比较的结论。

不失一般性,假定一组被比较对象:A_1,A_2,A_3,A_4,A_5,A_6,A_7,A_8,A_9,在某准则 C 下,下标大的对象比下标小的对象要重要。为了研究,进一步假定:A_1 与其本身(A_1)及 A_2,A_3,A_4,A_5,A_6,A_7,A_8,A_9 之间的关系恰好构成 AHP 法中的 9 个等级,即同样重要、微小重要、稍为重要、更为重要、明显重要、十分重要、强烈重要、更强烈重要、极端重要。相应地,A_2 与其本身(A_2)及 A_3,A_4,A_5,A_6,A_7,A_8,A_9 之间的关系恰好构成 AHP 法中的同样重要、微小重要、稍为重要、更为重要、明显重要、十分重要、强烈重要、更强烈重要。A_3 与其本身(A_3)及 A_4,A_5,A_6,A_7,A_8,A_9 之间的关系恰好构成 AHP 法中的同样重要、微小重要、稍为重要、更为重要、明显重要、十分重要、强烈重要……以此类推。

根据以上关系可以得到这 9 个被比较对象在 1～9 标度下的判断矩阵,如表 8-4 所示。

表 8-4　1～9 标度下判断矩阵

对象	A_1	A_2	A_3	A_4	A_5	A_6	A_7	A_8	A_9
A_1	1	1/2	1/3	1/4	1/5	1/6	1/7	1/8	1/9
A_2	2	1	1/2	1/3	1/4	1/5	1/6	1/7	1/8
A_3	3	2	1	1/2	1/3	1/4	1/5	1/6	1/7
A_4	4	3	2	1	1/2	1/3	1/4	1/5	1/6
A_5	5	4	3	2	1	1/2	1/3	1/4	1/5
A_6	6	5	4	3	2	1	1/2	1/3	1/4
A_7	7	6	5	4	3	2	1	1/2	1/3
A_8	8	7	6	5	4	3	2	1	1/2
A_9	9	8	7	6	5	4	3	2	1

根据假定的比较对象的关系,同样也可以得到被比较对象在其他标度下的判断矩阵。其规律与 1～9 的判断矩阵相同。下面介绍评价不同标度量化方法优劣的 5 个指标。

(1) 保序性。

对某一排序决策问题 D,有 n 个被比较对象 A_1,A_2,…,A_n,它们在准则 C

下存在一个客观次序,现利用某一标度 S 对该问题进行排序,假定人们利用标度 S 对问题 D 进行排序时能做出正确判断,如果得到的排序结果与该问题的客观次序 R 相同,则称该标度对该排序问题具有保序性。

(2)一致性。

层次分析法中引入一致性概念,主要是用于评判决策者构造出来的判断矩阵是否可以接受。显然,如果构造出来的判断矩阵是一致性矩阵,则表明决策者虽然只进行了两两比较,但其做出的定性判断在逻辑上符合传递性要求,即其所做出的定性判断前后是一致的,因而是可以接受的。反之,其所做出的定性判断在逻辑上不满足传递性要求,即其所做出的定性判断前后是不一致的,因而需要修正。由于定性问题的复杂性,人们对一组事物进行两两比较时,所做出的定性判断往往并不能总是保持完全一致,于是,层次分析法中又引入了一致性指标(consistency index,CI)和一致性比例(consistency ratio,CR)作为衡量判断矩阵一致性的标准,并规定 CR<0.1 时,就认为这种判断矩阵是可以接受的。显然,CR 越小,则判断矩阵的一致性越好。当 CR 等于零时,判断矩阵是完全一致的。一致性指标 CI 和一致性比例 CR 的计算方法如下:

$$CI = \frac{\lambda_{max} - n}{n - 1} \tag{8-11}$$

$$CR = CI/RI \tag{8-12}$$

式中,λ_{max} 为判断矩阵的最大特征根;n 为判断矩阵的阶数;RI 为平均随机一致性指标。RI 是计算机从 1~9 标度的 9 个标度中随机地抽样填满 n 阶矩阵的上或下三角阵中的 $n(n-1)/2$ 个元素,用特征根法求出 λ_{max},再代入式(8-11)求出 CI,经过多次求得平均值。天津大学的龚木森、许树柏重复 1 000 次的平均随机一致性指标如表 8-5 所示。

表 8-5　平均随机一致性指标

阶数 n	1	2	3	4	5	6	7	8	9	10	11	12
RI	0	0	0.52	0.89	1.12	1.26	1.36	1.41	1.46	1.49	1.52	1.54

毫无疑问,判断矩阵的一致性与决策者个人判断是否能保持逻辑上的一致性密切相关;然而,进一步分析不难发现:对同一个排序问题,即使是同一人,做出的定性判断相同(如稍为重要、明显重要等),如果运用不同的标度求解,得到的判断矩阵的一致性在一般情况下都是不同的。可见,判断矩阵的一致性与标度本身也有关。基于以上分析,本节将典型的排序问题用不同标度求解得到的

判断矩阵的一致性作为衡量标度优劣的一个重要指标。下面对典型排序中不同标度下构造出来的判断矩阵的一致性进行比较。由于典型排序中不同标度下的判断矩阵的阶数都相同($n=9$),因此,只需要比较 CI(见表 8-6),就可以知道哪一个标度下判断矩阵的一致性更好一些(CI 绝对值越小越好)。

表 8-6　不同标度下所得的最大特征根及 CI(AHP 法)

标　　度	$1\sim 9$	$9/9\sim 9/1$	$10/10\sim 18/2$	$9^{0/9}\sim 9^{8/9}$	$2^{0/2}\sim 2^{8/2}$	$e^{0/4}\sim e^{8/4}$	$e^{0/5}\sim e^{8/5}$
$\lambda_{\max}$	9.401 98	9.013 81	9.024 52	9.036 63	9.000 96	8.999 96	8.999 989
CI	0.050 25	0.001 73	0.003 01	0.004 58	0.000 12	$-0.000\ 01$	$-0.000\ 01$

可见,指数标度下的 CI 都较小($9^{0/9}\sim 9^{8/9}$ 标度除外),1~9 标度的 CI 最大,分数标度($9/9\sim 9/1$ 标度和 $10/10\sim 18/2$ 标度)的 CI 介于两者之间。

因此得出结论:指数标度法的一致性最好,分数标度法的一致性次之,1~9标度法的一致性最差。

(3) 标度均匀性。

所谓标度均匀性,是指在某一标度下,所有相邻的两个标度值的差或商的值大致相等的程度。显然,对一个特定的标度,如果其中某两个相邻的标度值的差或商,比该标度下其他两个相邻的标度值的差或商大得太多,那么这种标度就不是很合理。因此,标度均匀性可以作为衡量某一标度是否合理的重要标准。

(4) 标度权重拟合性。

标度权重是指对某一标度下的 9 个标度值(将其看作 9 个被比较对象的某种度量),用直接加权的方法求出的 9 个标度值的权重。

标度权重拟合性是指对某一标度下的 9 个标度值(将其看作 9 个被比较对象的某种度量),用该标度法计算其权重,与用该标度值进行直接加权所得的权重的拟合程度。

标度权重拟合性也是反映某一标度是否合理的一项重要指标。因为从某种意义来说,层次分析法把在同一数量级上可以比较的客观事物的大小关系仅分为 9 个等级,即用不同标度下的 9 个标度值来表示,也就是用这 9 个数来度量可以比较的两个事物的大小关系。因此,判断这 9 个数能否比较合理地反映客观事物之间的关系。最直接的办法就是用某一标度来度量在该标度下的 9 个标度值,由此得到的权重与用 9 个标度值直接加权所得到的权重进行比较,以其拟合的程度判断该标度是否合理。

（5）标度一致性容量。

判断矩阵的一致性往往不能成立，这除了人们对实际问题认识上的局限性与系统的复杂性之外，其中一个重要的原因是标度系统本身存在缺陷。如果标度系统本身只能构造极少数量的一致性矩阵，则无法满足实际情况的需要。因此，一个标度系统能够构造多少个一致的判断矩阵，是评价标度系统是否优良的一个重要指标。

8.4　系统评价指标体系

8.4.1　指标意义说明

SAA 系统效能评价指标体系框架如图 8-4 所示，SAA 效能主要从空间目标感知能力和障碍规避决策能力两方面描述。

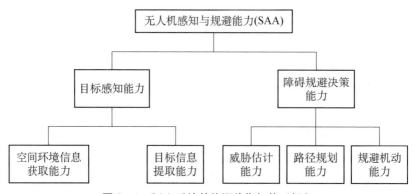

图 8-4　SAA 系统效能评价指标体系框架

空间目标感知能力是指无人机利用传感器对其飞行任务空域获得传感器数据，并依此进行目标检测、跟踪、识别的能力。

障碍规避决策能力是指无人机根据感知信息进行空域目标威胁估计，以及生成的规避航迹质量等。

整个指标体系从上而下按层次化结构建立，每一个层次的性能由下一层组成要素来支撑，但每一个上层要素的效能不是由构成该要素的下一层要素效能的简单总和，需要进行综合分析。

指标体系中各主要关键指标项的定义如下：

1）目标感知能力

空间目标感知能力是无人机进行感知与规避的首要决定条件,根据传感器获取数据进行目标检测、跟踪、识别的能力水平和精度是 SAA 能力的重要指标。根据 SAA 性能需求,将目标感知能力分为空间信息获取能力和目标信息提取能力。

2）空间环境信息获取能力

空间环境信息的全面、精确的获取是 SAA 系统正常工作的首要条件,按照 SAA 系统性能力要求(见图 8-5),空间环境信息获取能力评价主要由感知空域覆盖系数、感知稳定性系数、感知信息质量系数。

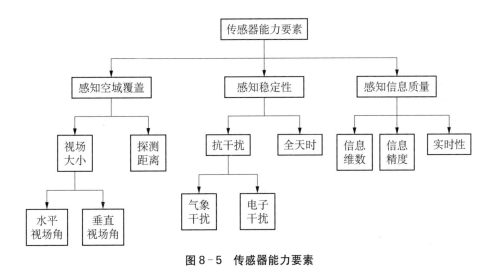

图 8-5　传感器能力要素

感知空域覆盖系数是指无人机配置的可用于感知环境信息的传感器的视场角大小以及传感器最大有效感知距离。

感知稳定性系数是指无人机感知系统针对典型的气象条件和电子环境的抗干扰能力,以及时间周期覆盖范围的评价参数。

感知信息质量是指传感器获取的空域信息的丰富程度、信息的精确程度以及信息的实时性能等。

3）目标信息提取能力

目标信息提取能力是指感知系统根据前端传感器获取的传感器信息进行综合处理,实现对空域中有效目标的检测、跟踪、识别等任务功能,从而对目标的状态进行精确、全面的描述的能力。目标信息提取能力主要由软件性能系数和硬件性能系数组成(见图 8-6)。

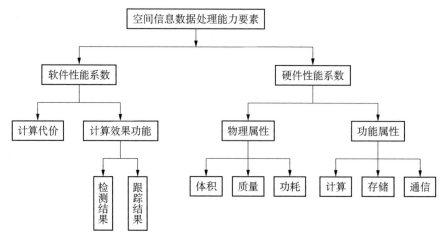

图 8-6 空间信息数据处理能力

软件性能系数主要是指针对无人机空域感知需要的信息获取的相关算法，主要通过算法的计算代价、实时性和效果功能决定。计算代价的大小决定了算法在机载系统的集成难度，实时性决定了算法在 SAA 系统的适用性。

硬件性能系数是对无人机感知数据获取硬件平台的评价，主要包括典型的物理属性，如体积、质量、功耗，以及功能属性如计算、存储、通信等。

4) 障碍规避决策能力

无人机障碍规避决策能力是决定无人机"生死"的必需能力，是保证 SAA 系统安全运行的决定性条件。根据 SAA 系统工作原理，可以将其能力划分为威胁评估能力、威胁规避能力和规避机动能力 3 个方面。

5) 威胁评估能力

威胁评估能力系数是指对威胁告警、威胁等级、威胁发生时间、威胁发生位置进行估计与预测的能力评估系数，因此可以对其建立如图 8-7 所示的指标体系。

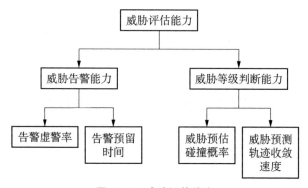

图 8-7 威胁评估能力

6）威胁规避能力

威胁规避能力是指根据威胁评估结果，对静态、动态威胁进行规避的能力，根据 SAA 系统的性能要求，建立如图 8‑8 所示的指标体系对其进行评估。

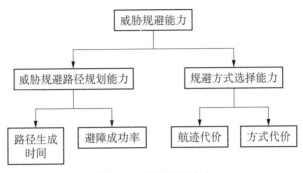

图 8‑8　威胁规避能力

威胁规避能力系数 $= e^{-(\text{威胁规避路径规划能力系数}+\text{规避方式选择能力系数})}$，路径生成时间为规避路径生成的时间，一般要压缩在 0.5 s 以内。避障成功率是指避障成功的次数占总避障次数的比例。航迹代价是指规避航迹的长度。方式代价是指选择爬升、下降、调速等规避方式的代价指标。威胁规避路径规划能力系数是指对于路径生成时间以及避障成功率的综合评价系数。威胁规避路径规划能力系数可表示为

$$f = \frac{t + p_s}{2}$$

式中，t 为路径生成时间；p_s 为避障成功率。

规避方式选择能力系数是指如何选择最优规避方式的能力，评价指标包括航迹代价与方式代价。规避方式选择能力系数可表示为

$$f = \max\{V_f, V_m\} \tag{8-13}$$

式中，V_f 为航迹代价；V_m 为方式代价。

规避机动能力

飞行器是否能够按照指定的避撞路径飞到指定的目标点是飞行任务是否完成最直接的衡量，因此，首先考虑飞行过程相对目标机位置和姿态；其次，飞行控制系统的作用是实现对指导指令的跟踪，跟踪性能的好坏也会影响最终的飞行任务，即姿态角跟踪情况；再次，飞行器的结构也会影响操纵性，当过载过大时可

能会使飞行器损坏;最后,无人机在飞行过程中控制系统的要求影响到整个避撞过程中路径规划。规避机动能力如图8-9所示。

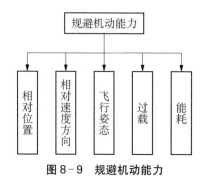

图8-9　规避机动能力

8.4.2　评价指标模型

评价指标模型主要完成对评价指标体系的解算,具体内容如下:

(1)根据指标体系中各指标项的定义,指定各指标项的建模元素,采用数学表达式(组)进行表示。

(2)确定模型的输入输出项以及影响因素项,确定模型之间的相互关系。

(3)根据各输入输出项、影响项在仿真运行中的生成步骤,明确仿真运行过程中数据采集的流程。

(4)采用可视化设计工具,将模型进行代码转换,并写入模型库。

(5)在仿真运行过程中,效能评估系统从仿真模型库中载入仿真实验结果数据,根据评价指标体系定义的指标模型与模型确定仿真响应数学关系进行评价指标计算,各项过程数据经在线统计、事后分析,可给出各类数据、图表评价结果。

8.4.3　评价指标计算

1) 空域感知能力

(1)传感器能力要素。

a. 空域覆盖系数。

空域覆盖系数定义为无人机传感器性能覆盖区域与无人机安全包络体积之比。

$$C_{SC} = \frac{V_{SC}}{V_E} \tag{8-14}$$

式中,V_{SC} 为传感器性能覆盖区域(m^3),通过视场角和探测距离计算;V_E 为无人机安全包络体积(m^3),通过安全包络计算。

空域覆盖系数越大说明无人机对空域感知范围越广。因此,对 SAA 系统而言,应该尽量增大空域覆盖系数,达到对空域的连续覆盖感知。

b. 时域及气候覆盖系数。

时域及气候覆盖系数是指针对空域中典型的气象条件如薄雾、雨雪、雾霾、不同时段光照等以及电磁干扰等情况正常进行空域目标感知的能力。

$$C_{RO} = \frac{C_{CL} + C_{TI} + C_{DI}}{3} \qquad (8-15)$$

式中,C_{CL} 为针对典型气象条件的抗干扰系数;C_{TI} 为全时域工作系数,指工作时域占全天时(24 h)的百分比;C_{DI} 为受电磁干扰条件影响的程度。

c. 感知信息质量系数。

感知信息质量系数用于衡量传感器获取的数据应用于系统感知与规避的相关性。影响因子包括信息维度(Dim)、信息精确程度(Pr)和信息生成速度(Time)。信息维度是指传感器获取信息为二维信息或三维信息,二维信息表现为图像信息,三维信息还包括距离信息,即能够描述三维空间的情况。信息精确程度是指传感器对空间描述的精确程度,信息生成速度是指从传感器工作开始到数据处理平台接收到数据为止所用的时间,反映系统的实时性要求。指标计算如下:

$$C_Q = \frac{C_{Dim} + C_{Pr} + C_{Time}}{3} \qquad (8-16)$$

(2) 数据处理平台能力评价指标计算。

a. 软件性能系数。

软件性能系数由处理算法功能、计算代价决定。算法功能系数由检测跟踪能力决定,其中检测系数由检测概率、漏检概率、虚警概率决定,跟踪精度由跟踪误差(RMS)决定。此外,算法在机载平台的运算性能,如计算功耗、实时性也是反映其能力的重要指标。计算如下:

$$C_{FUNC} = C_{Detection} + C_{Tracking} \qquad (8-17)$$

式中,C_{FUNC} 为算法功能系数;$C_{Detection}$ 为检测能力;$C_{Tracking}$ 为跟踪能力。

检测能力 $C_{Detection}$ 和跟踪能力 $C_{Tracking}$ 通过对典型场景视频进行处理体现:

$$\text{Detect}(x) = \begin{cases} 1 & \text{成功} \\ 0 & \text{失败} \end{cases}$$

$$C_{\text{Detection}} = \frac{\int_{T} \text{Detect}(t)\,\mathrm{d}t}{T} \qquad (8-18)$$

式中，T 为目标在视场出现的总时间长度；$\text{Detect}(t)$ 为检测结果逻辑函数。

跟踪精度通过跟踪最小均方误差（RMS）体现，设定跟踪误差门限为 $\sigma_{\max}$，从而有

$$C_{\text{Tracking}} = \frac{\sigma}{\sigma_{\max}} \qquad (8-19)$$

计算代价系数表现为计算的实时性 C_{Cost}，理想情况即 $t_{\text{delay}} = 0$，则有

$$C_{\text{cost}} = \frac{t_{\max} - t_{\text{delay}}}{t_{\max}} \qquad (8-20)$$

软件性能系数表示为

$$C_{\text{SW}} = C_{\text{Func}} + C_{\text{Cost}} \qquad (8-21)$$

b. 硬件性能系数。

硬件性能系数主要通过平台的物理属性和功能属性进行分解说明，平台的物理属性系数是指硬件的体积、功耗、质量等是否满足记载系统的要求，功能属性是指其内部资源能否完成感知算法需求的计算、存储、通信等性能要求。

硬件属性 C_{phy} 要素反应感知系统在飞机的可安装移植能力，载荷系数越小，说明系统越易安装，对飞机的性能影响越小。C_{phy} 由体积、质量和功耗 3 部分组成。

$$C_{\text{phy}} = \frac{\dfrac{M}{M_{\max}} + \dfrac{V}{V_{\max}} + \dfrac{P}{P_{\max}}}{3} \qquad (8-22)$$

$$C_{\text{cap}} = \frac{C_{\text{Storage}} + C_{\text{Cal}} + C_{\text{Com}}}{3}$$

功能属性 C_{cap} 要素反应系统对数据处理的能力，体现为数据处理带宽、存储容量和通信带宽。其中，存储、计算、通信能力根据当前机载设备水平进行综合评估。

2）障碍规避决策能力

（1）威胁评估能力要素。

威胁告警能力系数：

$$f = \exp\{\rho_t / P_F\}$$

式中,ρ_t 为威胁告警预留时间系数, $\rho_t = T/40$,其中 T 为告警预留时间。

$$P_F = \frac{n_{\text{false}}}{N_{\text{all}}} \tag{8-23}$$

式中,P_F 为威胁告警虚警率;n_{false} 为告警虚警次数;N_{all} 为总告警次数。威胁告警能力系数越大表示能力越强。

（2）路径规划能力要素。

威胁规避路径规划能力系数是指对于路径生成时间以及避障成功率的综合评价系数。威胁规避路径规划能力系数:

$$f = \frac{t + p_s}{2} \tag{8-24}$$

式中,t 为路径生成时间;p_s 为避障成功率。

规避方式选择能力系数是指选择最优规避方式的能力,评价指标包括航迹代价与方式代价。规避方式选择能力系数:

$$f = \max\{V_f, V_m\} \tag{8-25}$$

式中,V_f 为航迹代价;V_m 为方式代价。

（3）规避机动能力。

a. 与敌方飞机相对距离:

$$f = \begin{cases} 0.8 + 0.2(20 - \sqrt{x^2 + z^2 + z^2})/\sqrt{x^2 + y^2 + z^2}, & 20 \leqslant \sqrt{x^2 + y^2 + z^2} \leqslant 2\,000 \\ 0 \end{cases} \tag{8-26}$$

式中,x、y、z 分别为无人机在目标坐标系的三维方向上相对于敌方飞机的位置距离。如果相对距离不满足飞行性能要求,则该无人机得分为 0,不用再考虑其性能指标。

b. 与敌方飞机相对速度:

$$f = \begin{cases} 0.7 + 0.3(20 - \sqrt{V_x^2 + V_y^2 + V_z^2})/\sqrt{V_x^2 + V_y^2 + V_z^2}, & (V_x, V_y, V_z) \cdot (V_{1x}, V_{1y}, V_{1z}) \geqslant 0 \\ 0 \end{cases}$$

$$\tag{8-27}$$

式中，V_x、V_y、V_z 为相对速度，V_{1x}、V_{1y}、V_{1z} 为本机速度。如果相对速度接近，表示当前飞机正在迎面相撞，反之则认为飞机相互背离，根据相互接近的速率可以计算出当前性能权重。

    c. 当前飞机姿态角：

$$f = \begin{cases} (10 - |\alpha|)/10, & |10| \leqslant 10 \\ 0 \end{cases} \quad (8-28)$$

式中，α 为当前无人机俯仰、横滚以及偏航角。

    d. 当前飞机最大过载：

$$f = \begin{cases} [12 - \max(N)]/12, & \max(N) \leqslant 12 \\ 0 \end{cases} \quad (8-29)$$

    e. 当前飞机最大能耗：

$$f = 1 - \kappa \quad (8-30)$$

对所获取的各类观测对象的各种信息及所处的状态，采用适当的融合技术来实现上述决策融合，特别是态势分析和威胁评估等。决策级融合是三级融合的最终结果，是直接针对具体决策目标的，而决策结果直接影响决策水平。

8.5 效能评估指标权重计算

每个能力要素的权重是衡量各个能力要素对 SAA 系统功能影响程度的重要指标。只有针对 SAA 各个子系统的功能属性制订合理的权值，才能保证 SAA 系统效能评估的准确和客观。

在无人机感知系统中，传感器感知能力和障碍规避决策能力两者相辅相成，缺一不可，对 SAA 功能具有等同的重要作用，在此，确定目标感知能力和障碍规避决策能力权值均为 0.5。

空间环境信息获取能力和目标信息处理能力分别代表了感知的数据获取和处理能力，因此两者权重相同，均为 0.5。

障碍规避决策能力主要通过算法功能实现，根据算法逻辑关系可确定三者的功能权值为威胁估计能力＜路径规划能力＜规避机动能力。其权值分别为 0.25、

0.35 和 0.4。SAA 效能指标划分权重如图 8-10 所示。

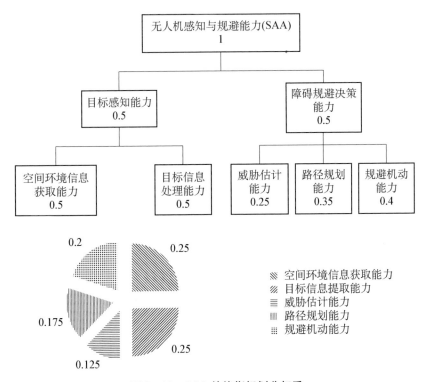

图 8-10 SAA 效能指标划分权重

在进行能力子项权重计算时,综合考虑属性之间的相互关系和在子系统的地位作用,按照功能属性＞代价属性,正交属性权重相等的原则进行权重划分。

8.5.1 目标感知能力

感知空间覆盖、感知稳定性、感知信息质量覆盖了目标感知能力的全部属性,三者相互正交,构成感知能力空间,因此进行权值平分,权值为 0.33。传感器能力要素如图 8-11 所示。

8.5.2 空间信息数据处理能力

数据处理能力由感知算法和感知处理平台决定,软硬件能力权重相当(见图 8-12),各为 0.5。在软件性能和硬件性能中,优先考虑功能属性,即权值计算代价＜计算功能,物理属性＜功能属性。

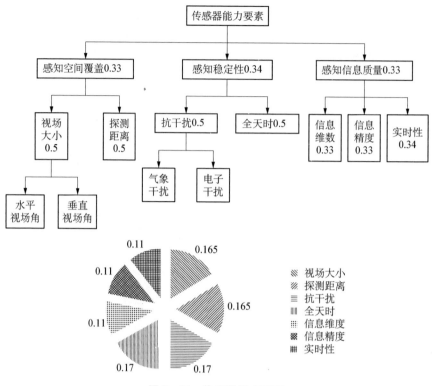

图 8-11 传感器能力要素

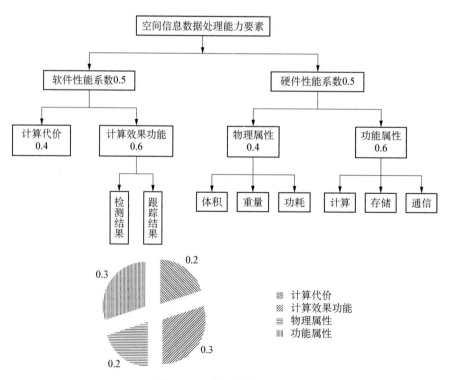

图 8-12 软硬件能力权重

8.5.3 威胁估计能力

威胁告警能力和威胁等级判断能力是对威胁进行估计的两个基本能力要素（见图 8-13），两者具有串联关系属性，因此这里设置权重均为 0.5。

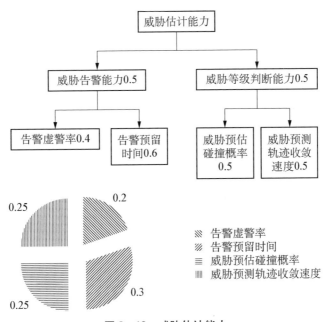

图 8-13 威胁估计能力

8.5.4 路径规划能力

威胁规避路径规划能力是路径规划实现的主要能力（见图 8-14），规避方式选择能力是指飞行器以何种方式进行规避的指标。在这里选择威胁规避路径规划能力权重＞规避方式选择能力权重，即功能属性大于代价属性。

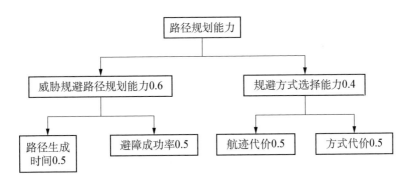

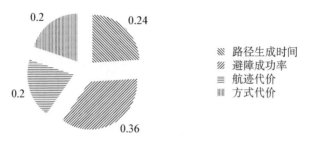

图 8 - 14　路径规划能力

8.5.5　规避机动能力

在进行规避功能划分时,考虑不同的算法中各个指标的应用情况不同,因此在这里,将权重针对 5 个主要应用属性进行平均划分,即每个权重为 0.2。规避机动能力如图 8 - 15 所示。

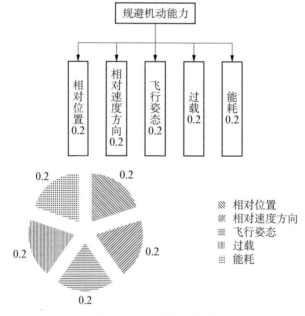

图 8 - 15　规避机动能力

8.6　SAA 仿真系统的效能评估

效能评估的结果最终是以可视化的形式实现数值计算结果的输出、分析和比对。针对 SAA 系统的效能评估的目的是对无人机的感知与规避能力进行评价,从而对其进入空域飞行的可行性给出判断,对评估效果不理想的系统,能够基于评估结果给出最优整改意见。SAA 系统效能评估也将为无人机空域集成标准的制定提供指导意见。

本节依靠设计的 SAA 仿真系统进行系统效能评估。

8.6.1　无人机感知系统评估

无人机感知系统评估主要对当前主流的无人机搭载传感器进行性能比较和评估,其中 A、B、C 3 个系统的配置如表 8‐7 所示。

表 8‐7　各感知系统配置

系　　　统	传感器类型与属性	感　知　算　法
A	EO: FOV 120°×20° 距离 150 m	Harris Corner 探测器 卡尔曼过滤器
B	雷达 FOV 15×15 距离 10 km	CFAR
C	EO/IR: FOV 120°×20° 距离 150 m 雷达 FOV 15×15 距离 10 km	多传感器检测和跟踪

针对上述 3 个系统,根据系统评价指标和权重计算,结果如表 8‐8 所示。

表 8‐8　各感知系统能力及性能

系统	传感器性能								数据处理能力			总能力
	视场	距离	抗干扰	全天时	维度	精度	速度	能力值	计算速度	结果功能	能力值	
A	1	0.3	0.5	0.5	0.67	0.8	0.6	0.612 2	0.4	0.5	0.460 0	0.536 1
B	0.136	1	0.5	1	1	0.5	0.8	0.695 4	0.6	0.5	0.540 0	0.578 0
C	1	1	1	1	1	0.9	0.6	0.945 0	0.3	0.8	0.600 0	0.772 5

综合上述分析,基于多传感器融合的联合感知方案能够极大地提高无人机

对目标的感知能力,针对大型无人机系统,考虑飞机的碰撞风险,利用机载雷达系统和光电系统实现对目标的精确感知是必然选择;针对小型无人机系统,考虑其载荷和成本,基于光学的感知方案能够满足其对空感知能力。

8.6.2 无人机规避系统估计

无人机规避系统估计主要是根据不同规避算法进行性能比较与算法实时率评估,现在给出几组不同的规避方案,如表8-9所示。

表8-9 规避方案及算法

方　　案	规　避　算　法	避撞算法
(1)	人工势场(APF)	应急机动避撞
(2)	预测控制(PC)	应急机动避撞

根据上述2个系统方案,结合8.5.2节~8.5.5节权重计算,结果如表8-10所示。

表8-10 各系统规避能力总评价结果

方案	威胁估计能力		路径规划能力		规避机动能力					总评价结果
	告警能力	虚警判断能力	威胁规避路径规划能力	规避方式选择能力	相对距离	相对速度	飞行姿态角	飞机过载	飞机能耗	
(1)	0.15	0.35	0.36	0.56	0.152	0.415	0.054	0.118	0.154	0.551 4
(2)	0.35	0.25	0.24	0.74	0.356	0.125	0.184	0.691	0.445	0.644 1

通过上述分析可知,在基于应急机动避撞前提下,采用人工势场法可以在时间最短的效率指标下满足系统要求,适合近距离避撞要求;采用预测模型可以在早期预警的指标下,提前规避潜在的风险,使得避撞效率大大提高。综合考虑SAA系统的性能指标,相对于人工势场法,使用预测控制模型可以在时间和效率上满足SAA系统的功能需求,避撞效率高。

8.7 小结

本章主要介绍了如何进行无人机感知与规避系统的性能评估,明确了指标体系的相关条件,以及所应遵守的原则和建立指标体系的相关步骤。同时说明了指标的分类和处理方法以及标度的相关定义。

通过建立指标模型,用 SAA 仿真系统对无人机的目标感知能力、空间环境信息获取能力、目标信息提取能力、威胁规避决策能力、威胁估计能力、路径规划能力、规避机动能力进行效能评估。SAA 系统的效能评估是为了实现对无人机的感知与规避能力进行评价,从而对其进入空域飞行的可行性给出判断,SAA 系统效能评估也能为无人机空域集成标准的制定提供指导意见。

参|考|文|献 ●●

[1] 张爱民.浅谈安全领域中的系统效能评估[J].内蒙古石油化工,2014(2):56-58.
[2] 陈瑜,陈瑛.基于模糊修正 DEA 模型的通信系统方案选优[J].电子设计工程,2014,22(6):124-126.
[3] 张恒巍,张健,韩继红,等.一种基于动态循环筛选模型的指标体系建立方法[J].火力与指挥控制,2015,40(4):41-44,50.
[4] 王国良,崔建岭,申绪涧,等.面向逼真度评估的指标标准化方法研究[J].中国电子科学研究院学报,2014,9(2):155-160.
[5] 赵玉鹏,吴学智.舰艇编队融合通信网效能评估方法研究[J].舰船电子工程,2016,36(11):55-58.
[6] 孙彦武,宋佳佳.指数标度 AHP 与 Entropy 的 WLAN/CN 接入选择方法研究[J].嘉兴学院学报,2016,28(6):100-108.
[7] 马博,董海鹰,任伟.基于模糊综合支持向量机的特高压变电站二次设备状态评估[J].计算机系统应用,2014,23(9):191-197.
[8] 尚帅锋,王永骥,刘磊.基于指数标度 AHP 的飞行控制性能评估[J].计算技术与自动化,2013,32(1):41-45.

9 无人机感知与规避技术的发展路线

近年来,我国无人机技术和产业发展迅速,无论军用无人机系统还是民用无人机系统,都取得了迅速的发展,但同时由于无人机的应用也带来了大量的空中交通安全隐患。发展无人机感知与规避技术是面向未来无人机空域集成的核心技术,对于推动我国无人机领域甚至空中交通领域的发展具有重要意义。无人机感知与规避技术的发展涉及技术研究、系统集成、验证、法规章程建设等多个方面,需要不同的部门和组织分工、协作,推动无人机感知与规避技术的进步与发展。其发展过程具体可以分为如下 3 个阶段。

阶段一:SAA 局部功能演示验证(demonstration)。在该阶段,基于有人机的感知规避功能完成无人机空中目标检测、跟踪,规避决策、路径规划、控制等功能的算法设计、硬件设计、功能测试等。

阶段二:无人机空域集成(integration)。实现无人机感知与规避功能的列装应用,保障无人机的空域飞行安全;基于现有的空域集成技术和政策标准体系,通过建立无人机的设计、制造标准,制定无人机空域集成的政策法规,实现无人机在现有空域的可靠监管、安全飞行。

阶段三:空中交通体系革新(revolution)。在大量无人机的空域集成应用后,新的空中交通应用方式、自动化、智能化空中交通技术与应用大量出现,现有的空中交通管理的技术、系统、政策、规则将不再适用。需针对无人机、有人机空域集成的空中交通状态进行空中交通管理技术、政策、标准、规则的革新,提高其自主化、智能化程度,以适应未来空域发展需求。

无人机感知与规避技术发展路线如图 9-1 所示。

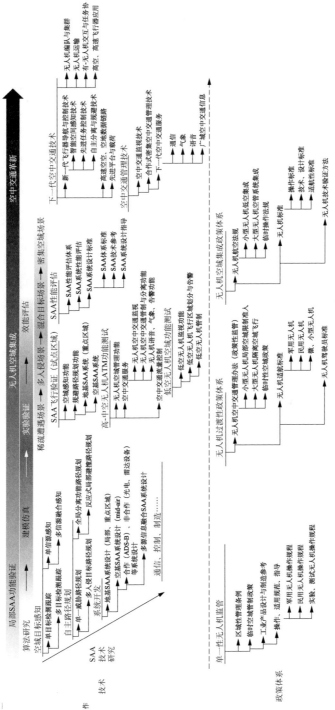

图 9-1　无人机感知与规避技术发展路线

9.1　SAA技术功能验证

在该阶段,针对感知与规避中的重要关键技术进行研究,通过建立无人机感知与规避技术体系,提出SAA的关键技术,确定主要研究内容,开展空域感知技术、导航控制技术、平台技术、SAA系统集成、空域建模仿真、SAA系统测试与功能验证等方面的研究。

针对空域感知技术,首先基于现有的空中交通空域感知方案和无人机空域感知系统配置进行面向SAA的技术研究,利用合作式T-CAS传感器,非合作式光电、雷达等开展空域目标检测、跟踪等研究。实现基于单信源单目标到多信源多目标感知的技术提升。

开展导航控制技术,重点研究基于空域分离功能和规避功能的路径规划和应急控制技术。针对空中交通密集、信息局限等特点,实现由全局规划、单一威胁的路径规划与机动控制到局部反应式、多目标协同规划与机动控制的技术提升。满足基于感知功能的空域威胁分离功能与碰撞规避功能。

SAA系统级功能验证:基于感知与规避能力需求,进行SAA系统构架设计,通过仿真、实验等多种技术手段,验证系统的空间环境感知、路径规划、机动控制等功能。对仿真和实验结果进行分析,指导SAA系统的效能优化配置与算法设计。

通过不断迭代,实现最优化感知配置、规避策略与系统设计的最优组合,达到SAA性能的最大化。感知规避功能验证过程如图9-2所示。

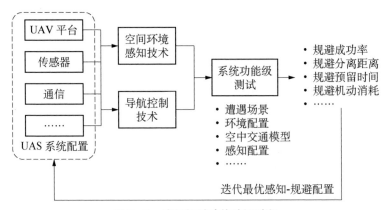

图9-2　感知规避功能验证过程

9.2　SAA无人机空域集成

无人机空域集成(UAV integration to the national airspace)是指通过政策、技术的发展,无人机能够实现在空管体系下的正常飞行。要实现该过程,需要从技术和政策等多个角度进行发展。

首先,无人机需证明具有与有人机等价的飞行安全能力。该功能的技术基础为感知与规避技术、UAS系统设计与制造技术、通信、导航等技术研究。以上技术为基础,通过仿真、试验、试飞测试、实飞测试等过程,对无人机的SAA能力进行评估,并与有人机的感知规避功能进行比较,当无人机的SAA能力达到或超过有人机的空域感知与规避能力需求时,认为达到等价的飞行安全能力。

无人机需实现空域管理系统的有效接入。无人机需根据功能需求进入现有的空域系统中,适应其空域划分、分离规则等要求;无人机能够实现与现有空中交通信息的有效接入,并能通过空中交通管制(ATC),空中交通分离与规避规则、气象、流量控制等服务完成飞行决策。对于低空飞行的无人机,通过一定的空域监管实现低空慢速小目标特性的低空无人机的有效监管,以及重点区域的有效政策、技术隔离方法,保证低空无人机的应用,同时不对空中交通造成威胁。

无人机飞行安全性能评估体系。以现有的空中交通法律、规则、标准体系为依据,以无人机感知与规避性能测试为手段,进行无人机感知与规避技术体系建设。实现无人机技术、系统的标准化、系统化建设,从而实现无人机的空域稳定飞行。

无人机空域集成体系功能如图9-3所示。

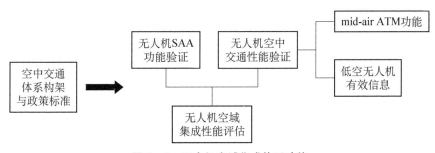

图9-3　无人机空域集成体系功能

9.3 空域交通体系革新

在无人机进入空域飞行以后,由于飞行器属性、操作、运行方式的不同,空中交通形态与功能将发生重大变化。现有的以有人机为主的空域体系技术和政策规则面临重大挑战,随着空域的密集程度和自动化程度的提高,空域交通体系亟待革新。

智能空间感知技术:随着传感器工艺、技术水平的不断进步和提高,高性能、低成本、低载荷需求的传感器将大量应用;高精度、高响应速度的目标检测、跟踪、识别等空域感知算法的提出将丰富飞行器的任务执行种类、操作方式;高性能的计算、存储设备也将大大提高飞行器执行任务的能力。

先进任务控制技术:超高声速飞行器、邻近空间飞行器等创新性平台的开始应用,智能化、挑战性任务的执行需求,飞行器控制的精度、控制多样性等要求,对飞行器平台的控制技术提出了新的要求。

自主分离与规避技术:作为保障空域飞行安全的核心技术,空域飞行器的智能感知与规避技术将在未来智能化、高密度的空域体系中发挥更加重要的功能。包括智能化、高性能的海量环境、交通数据获取、分析,高密度空域交通监视,基于小分离距离下的规避路径规划等都是未来 SAA 研究的重要内容。

9.4 小结

近年来,我国的无人机技术处在急速的发展阶段,无论在军用还是在民用方面都取得了极大的发展和突破,在不远的将来,无人机必然会成为这个世界的主流,有了无人机技术的进步,人民的生活变得便利,军队的作战变得安全、容易,但科技的进步带来了机遇,同时也带来了挑战,当下无人机技术的不成熟以及空域交通体系的不完善导致了大量空中安全隐患。

无人机技术在不断发展和完善,随着世界上第一款名为 Solo 的一体化智能无人机的推出,新一代无人机一直在研发过程中。具有内置安全保护和合规技术,智能精确传感器和自我监控的智能无人机是无人机发展过程中的下一次重大革新,将为军用、民用各个领域带来新的机遇和挑战。

无人机的技术潜力是巨大的,随着科技的不断进步和发展,无人机将变得更加安全可靠,用途也会随着时间的推移而越来越多,在各行各业广泛应用。

参|考|文|献 ••

［1］李耀军,潘泉,杨峰,等.基于多源信息融合的无人机感知与规避研究［C］//第 29 届中国控制会议,2010.

［2］刘焕松,陈思,刘晶.自由飞行:无人机感知与规避系统研究［J］.轻兵器,2013(17):18-20.

［3］崔军辉,魏瑞轩,张小倩.无人机感知——规避系统安全区域动态决策方法［J］.控制与决策,2014,29(12):2195-2200.

［4］Strobel A,Schwarzbach M. Cooperative sense and avoid:Implementation in simulation and real world for small unmanned aerial vehicles［C］//2014 International Conference on Unmanned Aircraft Systems (ICUAS),2014.

［5］蔡志浩,吴慧垚,王英勋.基于系统分类和安全评估的无人机空域集成［J］.北京航空航天大学学报,2013,39(11):1497-1502.

缩略语表

缩略语	全称	中文
ABSAA	air based sense and avoid	地基感知与规避
ATC	air traffic control	空中交通管制
AWSAS	all weather sense and avoid system	全天候感知和回避系统
ACO	ant colony optimization	蚁群优化算法
APF	artificial potential field	人工势场法
	ATC transponder	空中交通管制应答机制
ADS - B	automatic dependent surveillance-broadcast	广播式自动相关监视
BVLOS	beyond visual line of Sight	超视距
	close loop model predictive control	闭环模型预测控制
CI	consistency index	一致性指标
CR	consistency ratio	一致性比例
ELOS	equivalent level of safety	等价飞行安全
EUROCAE	European Organization for Civil Aviation Equipment	欧洲民用航空设备组织
EUROCONTROL	European Organization for the Safety of Air Navigation	欧洲航空安全组织
FAA	Federal Aviation Administration	美国联邦航空管理局
GA	gene algorithm	遗传算法
GBSAA	ground based sense and avoid	地基感知与规避
	ground-based system	雷达空管

HMM	hidden Markov filter	隐形马尔科夫滤波
HALE	high-altitude-long-endurance	高空长航时
	man-in-the-loop	人在回路中
ICAO	International Civil Aviation Organization	国际民用航空组织
	interval scales	区间标度
KLT	Kanade-Lucas-Tomasi	KLT 特征点跟踪算法
MALE	middle-altitude-long-endurance	中空长航时
MFI-VAM	multi feature integrated-visual attention model	多特征融合的视觉注意模型
	nominal scales	名义标度
	man-on-the-loop	人在回路上
	ordinal scales	序标度
PSO	particle swarm optimization	粒子群优化算法
PCA	point of closest approach	最近碰撞点
	policy，rule，standard	政策、规则、标准
RTCA	Radio Technical Commission for Aeronautics	航空无线电技术委员会
RANSAC	random sample consensus	随机采样一致性
RRT	rapidly-exploring random tree	快速随机搜索树
	ratio scales	比例标度
RIO	region of interest	感兴趣区域
RMSE	root mean square errors	均方根误差
	see and avoid	看见并规避
SAA	sense and avoid	感知与规避
SURF	speeded up robust features	加速稳健特征算法
SURF	speeded-up robust features	快速鲁棒特征
SSD	sum of squared differences	图像灰度差平方和
SAR	synthetic aperture radar	合成孔径雷达
TUAV	tacit-UAV	战术无人机
TTC	time to collision	规避预留时间
TCAS	traffic collision avoidance system	空中防撞系统

UASSG	UAS Study Group	无人机研究组织
	UAV integration to the national airspace	无人机空域集成
USA	unmanned aircraft system	无人机系统
UAV	unmanned aircraft vehicle	无人机
NASA	National Aeronautics and Space Administration	美国国家航空航天局
DHS	United States Department of Homeland Security	美国国土安全部
DoD	United States Department of Defense	美国国防部
IAOPA	The International Conuncie of Aircraft Owner and Pilot Association	国际航空器拥有者及飞行员协会
TSO	Technical Standard Orders	技术标准规范
ISR	internal support request	内部支持请求单

索　引